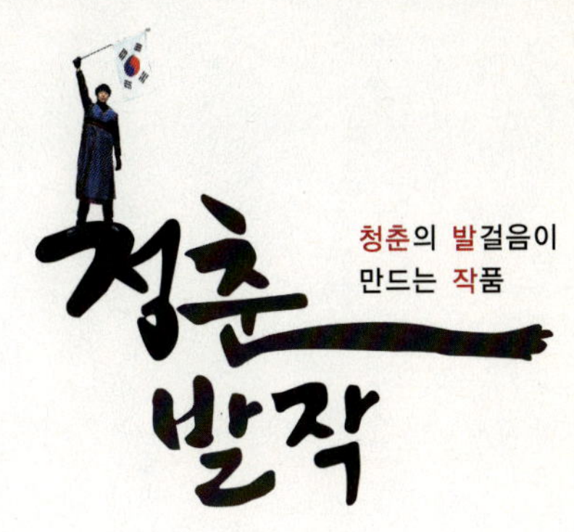


# 청춘발작

이지출판

ⓒ 이정수(사진작가)

청춘들이여, 가슴이 뜨거워지는, 진정한 스펙을 쌓아라, 마치 동해수문장팀처럼…

**이정현** 주 영국 한국대사관 2등서기관

# 동해수문장 파이팅!

배움에 철저하고, 의무에 충실하며, 과거를 돌아보고, 미래가 뚜렷하며, 현실에 강하면서, 자신을 책임지며, 고난에 도전하고, 정의에 용감하며, 승리에 겸손하고, 패자엔 관용하며, 자신을 다스려서, 헛되지 않은 삶을, 헛되지 않은 꿈을 이루며 살기 바랍니다.
김회자 비전유학원 원장

편안함과 안일함을 추구하기보다 좋은 뜻을 세우고 목표를 향해 모험을 시도하는 멋진 동해수문장들 때문에 멀리 떠나 있지만 내 조국이 앞으로도 더 발전되고 부강한 나라가 될 것을 믿어 의심치 않아 마음 든든합니다.
김채영 실리콘밸리 한국학교 교장(쿠퍼티노)

'동해수문장'의 동해 명칭 지키기를 위한 민간외교 사절로서의 활동이 후배들에게도 계속 이어지길 바라면서, 여러분으로 인해 동해가 외국의 이름모를 많은 사람들에게 전달될 수 있었다고 생각합니다. 공무원의 한 사람으로서 감사 말씀을 드리며 금년에도 더욱 의미 있는 활동을 기대합니다.
허태완 전 LA영사, 현 사우디아라비아대사관 공사참사관

1년 전 동해수문장에게서 걸려온 전화 한 통! "회장님, 숙소 좀 알아봐 주시면 안 될까요? 난방이 안 되는 사무실도 괜찮습니다. 경비를 최대한 절약해야 돼서요." 우리는 10일간 함께 LA에서 동해를 지켰지요. 동해와 독도는 대한민국의 힘이요 꿈입니다. 대한민국의 보배, 청춘들 화이팅!! 김(윤)난향 세계독도사랑총연맹 총재

숨겨진 재능은 아무 가치가 없습니다. 그것은 반드시 써야 빛이 난답니다.
남문기 해외한민족대표자협의회 의장

보스턴에서 만나 함께 식사를 할 수 있어서 참 감사했고 고마웠습니다. 앞으로 후배 수문장들이 그 뜻을 잘 이어가 우리의 것을 잃지 않고 잘 간직할 수 있기를 바랍니다.
남 일 뉴잉글랜드 한국학교 교장

동해를 지키는 그 열정과 애국심이 5대양 6대주에 퍼질 수 있기를… 동해수문장 파이팅!
이명석 전 퀸즈한인회장

# You can do it

젊음이 있기에 조국의 미래는 밝습니다. 그리고 우리의 높아진 국격을 전세계에 알리느라 수고하셨습니다. **이영태** 뉴욕 평통홍보자문위원

It is awesome! I am very proud of what you fellows are doing for justice, liberty and freedom of your country, The Republic of Korea and the World.
**Sal Scarlato** President, Korean War Veterans Association–Dept. of New York

자네들이 뉴욕을 방문하고 정의의 열정을 보이고 간 후, 물론 모든 동포들도 같은 심정이겠지만, 역시 다 늙어 힘없는 우리 미 참전용사들 가슴에도 깊은 감사와 경의를 금치 못하며 자네들의 용기와 사기, 또한 국가에 대한 충성심에 남다른 감동을 받은 가운데 우리 무도인의 얼과 정신인 충·효·의·용·신이 투철함에 찬사를 보내고 싶네. **John Sehejong Ha** 미 6·25 참전용사 뉴욕주 총협회 사무총장

그동안 그래왔듯이 계속 정진하여 우리 사회가 필요로 하는 훌륭한 인재가 될 것으로 믿습니다. **유기준** 유엔대표부 참사관

1750년대 제작된 해동지도에 '백두산은 머리, 대관령은 척추가 되며, 영남의 대마와 호남의 탐라를 양 발로 삼는다(以白山爲頭 大嶺爲脊嶺南之對馬 湖南之耽羅 爲兩趾)' 우리는 지금 다리 하나를 잃고 머리마저 상처를 입어 붕대를 동여맨 형상이 되었다. 역사와 영토와 영해를 지키는 것이 국민의 의무요 소망일 터인데 방심, 방관하여 이리 되었다고 할 수 있다. 온몸을 던져 동해를 지키고자 수고를 아끼지 않은 동해수문장 남석현 님과 팀원들의 노고는 역사에 남을 것이며 우리는 이를 오래도록 기억할 것이다. **이문형** 시인, 워싱턴지역 정신대문제대책위원회 공동이사장

이 지구상에서 대한민국을 영원히 빛내게 하는 자랑스런 대한의 별, 대한의 아들입니다. **이인수** KBS 다큐맨터리 프로듀서

축하합니다. 새로운 앞날에 좋은 초석이 되기를 바랍니다. **김 신** 경희대학교 경영학과 교수

조국을 지키는 동해수문장이 있기에 해외에서 활동하는 한국인들은 마음 든든합니다. 유럽의 광장을 누비며 독도는 우리 것이라고 외쳤던 동해수문장! 스페인 바르셀로나 한국어 학생들과 함께 웃고 고생한 날들까지 책으로 엮어 나온다니 감격스럽습니다. 축하합니다!　　　　　**황성옥** 바르셀로나 주립 언어학교 한국어과 과장

내 나라를 진정 사랑하는 마음을 가진 젊은이들이 더욱 더 많아지기를 바래요. 좋은 일을 하고 있는 동해수문장에게 항상 건강과 행복이 함께 하기를….

**오인숙** 코윈스페인 사무총장(도예가)

자유로운 영혼의 소유자, 든든한 동해 지킴이, 그대 같은 청춘이 있어 대한민국의 미래는 더욱 밝아지리라….

**김종갑** 전 시카고 한인회장, 현 DokdoEastsea World Organization 회장

동해수문장의 지속적인 활동을 기대합니다. 진심으로 응원합니다.

**류연택** 충북대학교 사범대학 지리교육과 부교수

이순신 장군의 정기를 받은 동해수문장!

**심문보** 국토해양부 국립해양조사원 사무관

젊은 시절의 소중한 경험을 잘 간수해, 정의와 평화를 향한 좋은 불쏘시개로 삼길 바랍니다.　　　　　**오태규** 한겨레 논설위원

선배님 세대, 선배님의 모습을 닮아가거나 벤치마킹 하지 말고, 여러분의 세상, 삶을 개척하고 만들어 가세요. 기술이 변하고 사람의 삶의 수준도 변화되고, 우리가 살아가야 하는 미래가 변화하고 있기 때문에.

**지세근** 삼성전자 상무 경력컨설팅센터장

돈이나 학벌이나 부족해서 뭘 못하겠다는 친구들에게 더 이상 '스펙' 타령을 못하게 하는 스토리!　　　　　**김정태** 스토리가 스펙을 이긴다

경련을 일으키는 발작은 5~10%가량의 사람들이 평생 동안 한 번 이상 경험한다고 한다. 열 명 중 한 명은 지속되는 발작으로 고통을 받기도 한다. 갑자기 우리 눈앞에서 발작 증세를 보이는 이가 있다면, 그는 의식이 분명하지 않은 상태이므로 옷을 풀어 주고 혀를 깨물지 않도록 도와주어야 한다. 또한 간혹 접하게 되는 불안발작, 공황발작이 갑자기 우리에게 나타날지도 모른다. 이는 겉으로 표가 나지 않지만 극도의 정신적 불안함을 겪게 된다. 과도한 스트레스와 피로가 유발 원인이다.

청춘들 또한 이러한 정신적 스트레스를 받고 있다. 심호흡을 해도 소용이 없다. 꿈과 현실은 판이하게 다르다. 무엇을 하면 행복할지 잘 모른다. 잠시 멈추고 싶지만 주변에 쉬는 사람이 없어서 나아갈 수밖에 없다. 어느 날 책상에 엎드려 자다가 흠칫 놀라서 깬 적이 있다. 방금 말한 증상을 하나라도 겪어 봤다면 당신은 청춘발작을 겪고 있다.

우리는 청춘발작에 대해 진단도 처방도 받을 수 없이 현실 속에서 스스로를 다독이며 살아간다. 그러나 방황하면서도 끊임없이 앞으로 나아갈 수밖에 없는 것이 현실이다. 고된 시간을 보내다

가끔 뒤돌아보았을 때, 어느새 우리는 자신의 발걸음이 만드는 작품을 발견하고 또다시 힘을 내게 된다. 그것이 청춘의 묘미 아닐까?

2009년 당시 교육과학기술부에서 4년제 대학 88개교, 전문대학 96개교를 선정하여 대학교육역량강화사업을 지원해 주었다. 지금 2013년에도 여전히 시행되며 대학생들의 청춘발작을 치료해 주고 있다. 나는 그 사업의 일환인 '단기 전공역량강화연수'를 통해 처음 해외를 방문했다. 그때 문득 나도 꿈을 꿀 자격이 있지 않을까 하는 마음이 생겨났다. 그 후로 더 넓은 세상을 갈망하게 되었다. 누구라도 꿈을 위해 노력하면 반드시 행복할 수 있다는 걸 직접 경험하고 싶었다.

그래서 방학 때마다 외국에 나가기 위해 학기 중에 쉼 없이 노력했고, 졸업할 때까지 2천만 원이 넘는 장학금을 받았다. 그것을 가지고 총 22개국(중복 27개국)을 돌아보았으며, 이렇게 책까지 출간하게 되었다. 이것이 청춘발작의 매력인 것 같다. 꿈에 도전할 수 있도록 다양한 프로그램으로 기회를 준 인제대학교와 대학교육역량강화사업에 진심으로 감사 인사를 드린다.

돌이켜보니 2010년 여름 동생 시현이와 함께 유럽 배낭여행 중 동해와 독도를 홍보하면서부터 인생 지도에 윤곽이 잡히기 시작했던 것 같다. 그 후 꾸준히 목표를 이루기 위해 걸었다. 그랬기에 나는 나보다도 더 열정적인 팀원들을 만나서 2012년 동해 표기를 위한 민간 NGO 활동인 '동해수문장' 프로젝트를 성공적으로 해낼 수 있었다.

동해수문장이라는 꿈이 형성되기까지 겪은 일들과 고민들이 이제는 소중한 경험이 되었다. 이 책은 그동안의 발걸음을 담은 여행 산문집이다. 그러나 여행지에 대한 감상을 담아 아름다움을 보여 주기보다는 대학생으로서 갖고 있던 고민들이 묻어 있다. 다만 평범한 대학생이 갈망하다가 좌절하면서도 조금씩 퍼즐 조각을 맞춰 가는 모습을 보여 주고 싶었다. 그래서 이 책으로 말미암아 나보다도 더 큰 열정을 품고 있는 독자들이 스스로의 꿈에 도전할 수 있는 용기를 얻길 바란다.

언제나 부족한 나에게 등대처럼 길을 조언해 준 분들, 세계 속에서 만난 수많은 한인 동포들과 외국인 친구들, 함께 했던 든든한 동해수문장 멤버 정관, 한수 형, 영태, 성민 형, 멋진 제목을 만들어 준 기선, 그리고 첫 꿈을 꿀 때 용기 내어 동참해 준 동생 시현과 많이 걱정하면서도 묵묵히 응원해 주신 부모님께 저의 항해일지를 바칩니다.

2013년 4월
동해수문장 남석현 드림

# Contents

## part 02  천 번의 거절, 천 한 번의 도전

# 청춘의 지도를 따라서

# 다시 없는 기회

in 쿠알라룸푸르

이런 게 '대학생병' 인가? 끊임없이 출구를 찾아 헤맸지만 내 삶에서 '나 자신' 은 잊혀진 지 오래였다. 그 무렵 기숙사에 같이 있던 팀 리더인 정환 형, 룸메이트인 재건 형이 나에게 제안을 했다. '단기 전공역량강화연수' 에 함께 참여하자는 것이었다. 주제와 계획서를 제출하면 심사를 거쳐 해외 방문의 기회를 주는 것이었다.

우리는 국제 대학생들의 만족도 및 인식에 대한 조사를 하기로 했다. 말레이시아와 싱가포르에는 특히 전 세계에서 온 많은 대학생들이 공부를 하고 있다. 그들이 해외에서 어떻게 적응을 하고, 그들을 받아들이는 학교의 모습을 배우고 그런 마음가짐을 배우고 싶었다. 일주일의 여정 동안 기억에 남는 말들이 몇 가지 있다.


"물론 나에게도 만족에 대한 기준은 따로 있어요. 그런데 세상은 넓고 배울 것이 많아요. 주어진 환경이 만족스럽지 않아도 이해해야죠."

"수업시간에 한국 학생들은 문법은 알지만 말을 잘 못해요. 궁금해서 한번 이야기를 나누어 봤는데 영어에 대한 스트레스가 너무 커 보였어요. 제일 신기했던 것은 여덟 살 때부터 영어를 시작했다는 것이었죠."

"음식이 입에 맞지 않아서 힘들었어요. 하지만 중요한 것은 이곳에서 혼자 살아남아야 한다는 것이에요. 투정만 해서는 아무것도 해낼 수가 없어요."
"저는 영어공부를 하러 온 것이 아닙니다. 그건 기본적으로 익히고 와야 하는 거라고 생각해요. 제가 원하는 전공과목에 대해서 다른 나라 학생들은 어떤 시각을 갖고 있는지 교류하고 싶었어요."


일주일의 짧은 여정을 마치고 돌아오는 길에 여러 가지 생각이 스쳐지나갔다. 이번에는 형들 덕분에 해외 경험을 할 수 있었지만 우물에서 벗어나니 전혀 다른 세상이 존재했다. 이런 기회를 다시 만들기 위해서는 이제 스스로 움직여야만 한다.
그러나 나는 그 바람을 이루기에는 아무것도 내세울 것이 없는 대학교 2학년이었다. 청춘발작을 겪을 새도 없이 쉬지 않고 앞만

보고 달려갔다.

2학년 2학기에는 경영학 복수전공을 준비하며 독서 서평 고전 부문에서 개인 1등/팀 우수상, 진로 설정 프로그램 최우수상을 받았고, 교내 인적자원개발처 인턴 그리고 해외 인턴십, 취업 포럼 회장 등의 활동을 했다. 그 덕분에 나는 행동하고 경험하는 만큼 깨달았고, 내가 무엇을 잘하고 못하는지를 조금씩 파악할 수 있었다. 지금이 지나가면 다시는 나의 꿈을 펼칠 기회가 오지 않을 것 같았기 때문에 정말 절실했다.


# 그들에게 '길'을 물어봐

in 세부


2학년 2학기 가을, 대학교육역량강화사업의 지원을 바탕으로 인제대학교에서는 해외 인턴십 모집이 시작되었고, 나는 100여 명의 교내 학생들이 불편을 겪지 않게끔 총괄하는 역할을 자청해서 맡았다. 그로 인한 다른 혜택은 없었지만, 나에게는 그 무엇보다 경험이 필요했다.

해외 인턴을 위한 영어 수업 보조, 정기 모임 모집 등을 통해 학교와 학생들 사이를 연결하는 일을 배울 수 있었다. 그리고 2009년 겨울방학이 시작되자마자 나는 필리핀 세부의 팀 리더로 배정받아 출국하게 되었다.

가는 곳마다 거리에 아이들이 많았다. 키가 우리 허리까지밖에 오지 않는 어린 아이들은 불쑥 다가와 주머니에 손을 넣으려 하거나 시계를 풀려고 했다. 고사리 같은 손을 뿌리치면서 마음이 짠했다. 아이들이 우르르 몰려간 구석진 곳 그늘 사이로 우리 또래 남자의 그림자가 보였다.

돈이나 먹을 것을 주는 것이 그 아이들에게 더 좋지 않은 영향을 준다는 얘기를 들은 적이 있다. 처음 만났을 때는 모두 얼마나 놀랐는지 모른다. 특히 여학생은 정말 시계와 지갑을 빼앗길 뻔했고, 감쪽같이 시계를 도둑맞은 형도 있었다. 아이들은 작고 연약하기만 한데 밤거리에서 혼자 열댓 명을 만나면 속수무책이었다. 그러나 사람은 시간이 지나는 만큼 적응도 하게 마련이다. 하루 이틀 지나면서 몇몇의 얼굴이 익숙해졌고, 너희와 우리는 똑같은 사람일 뿐이라는 느낌을 주려고 애썼다. 하지만 아이들의 손은 우리 주머니나 가방을 향했다. 물론 우리도 더 이상 빼앗기지 않을 정도는 되었다.

그때부터 서로 밀고 당기기가 시작되었다. 아이들은 일정 거리 이상 쫓아와서 우리 것을 빼앗으려고 하지는 않았다. 우리도 이제는 아이들이 다가와도 부담스럽지 않았다.


지프니(필리핀의 대중교통 수단, 지붕이 있는 트럭)를 타려고 기다리는데 필리피노(필리핀 남자)가 어슬렁거리며 다가왔다. 저쪽에 웃통을 벗은 다른 무리가 있는 것을 보니 약간 겁도 났다. 그는 웃으며 우리에게 지프니를 잡아 주겠다고 했다. 그럴 필요 없다고 했지만, 사양하지 말란다. 도움을 주겠다며 자신의 가슴을 주먹

으로 탕탕 쳤다. 안그래도 적응하기 어려운 무더운 날씨에 다들 스트레스를 받고 있었는데 옆에서 계속 서성거리는 그 사람으로 인해 더 피곤했다.

나는 처음에는 경계하듯 말하다가 좀 더 깎아 달라고 했다. 아무튼 850페소(한화 24,000원)에 지프니에 올라탔고, 그 사람은 운전 기사와 몫을 나눈 후 손을 흔들어 주었다. 올 때는 900페소(한화 25,000원)였으니 조금 싸게 탄 셈이다. 바람결에 오늘 너희 덕분에 술 한잔 하겠다는 목소리가 들리는 듯했다.


세부 유치원에서 보조교사로 봉사활동을 했다. 그리고 상상도 못했던 일이 벌어졌다. 우리나라 사립 유치원처럼 어마어마한 교육비를 들여서 영어를 배우는 것도 아니었다. 단지 노래 부르고 춤추면서 그리고 장난치면서 말을 배웠다. 다섯 살 내지 여덟 살 정도 된 아이들이 우리와 영어로 대화를 했다.

그보다 더 놀라운 점은 전혀 부끄러워하지 않는다는 사실이다. 우리는 필리핀 사람들의 발음이 우습다고 무시한다. 괜히 우월감에 젖어 있는, 한결같은 우리의 콧대가 안타깝게 느껴졌다. 그들은 영어에 대한 스트레스를 받지 않았다. 잘 모르지만 적어도 우리만큼은 아니었다. 그들과 우리의 차이가 뭘까? 초등학생만 되어도 영어를 능숙하게 한다는 점은 우리가 정말 배워야 할 교육 체계다. 왜 우리는 수많은 학생들이 다른 나라에 가서 영어를 배우고 있을까? 영어는 언어일까? 시험과목일까?


내가 도착하면 "Sir. Ryan~"이라고 부르며 아이들이 졸졸 따라다녔다. 워낙 아이들을 좋아해서 함께 있는 것만으로도 행복했다. 아이들을 잡으러 쫓아가기 시작하면, 모두 교실을 빙글빙글 돌면서 도망을 다녔다. 교실을 가득 메우는 웃음 소리와 발자국 소리, 그리고 의자를 끄는 소리가 하나의 음악이 되었다.

영어 음악에 맞춰 춤을 출 때는 자기를 보고 따라하라며 가르쳐주는 아이도 있었다. 햄버거 가게에 같이 가서 노래를 부르며 생일도 축하해 주었다. 한 아이를 안고 높이 들어 주었더니 반 아이들이 모두 해 달라며 떼를 쓰기 시작했다. 그리고 하이파이브를 가르쳐 줬더니 보는 아이들마다 손바닥을 마주치며 인사를 나누어 주었다. 생기가 넘치는 우리는 모두 조그마한 의자에 앉아 같이 수업을 들었다.

헤어지던 날, 아이들이 우리를 위해 노래를 불러주어 나도 모르게 울어 버렸다. 다시는 볼 수 없다는 생각에 왜 그렇게 마음이 아팠는지 모르겠다. 아이들과 함께 한 시간은 걱정도 고민도 없는 순수한 나를 이끌어 내 주었다. 그로 인해 나는 행운을 거머쥐었다. 즐거운 순간이 가장 행복하다는 원초적인 이치, 이는 나비가 되기 위한 가장 큰 열쇠였다.


크라운 리전시 호텔 앤드 타워(Crown Regency Hotel&Tower)라는 곳에서 인턴십을 진행했다. 부탁한 대로 세일즈 마케팅 부서에 배정받았다. 객실과 세미나 홀 등을 안내하고, 로비에서 스카이 라운지 티켓을 판매하는 역할을 맡았다. 같은 부서에 배정받은 필리핀 친구는 OJT(On the Job Training)를 받고 있었다. 그녀는 졸업 전에 800시간 실습을 해야 한다고 했다. 귀국한 후 그녀가 그 부서에 취업을 했다는 소식을 들었다.

우리나라도 호텔, 컨벤션, 항공 그리고 외식 쪽에 진출하려는 학생들은 실무 경험을 통해 일에 익히고 있다. 그런데 그 외에는 해당 프로그램을 찾아보기 힘들다. 고등학생 때부터 봉사시간뿐만 아니라 자신이 해 보고 싶은 업무를 실제 해 볼 수 있는 기회를 준다면 10대 때부터 꿈을 가질 수 있지 않을까 하는 아쉬운 마음이 들었다.

나는 사무실에서 전화로 객실을, 세미나 홀의 경우는 직접 안내해 주었다. 대개 그러하듯 호텔을 찾은 외국인들은 모두 나에게 어디서 왔느냐고 물어봤다. "한국에서 왔습니다"라고 대답하면 한결같이 반가워했다.

Circle the correct subtraction sentence.
Ring the fraction of the shaded part.
AaBbCcDdEe
FfGgHhIiJjKk
LlMmNnNgNg
OoPpQqRrSs
TtUuWwWxXyYy
Zz1234567890
ELEMENTARY

한번은 설날 프로모션 티켓을 판매하는데 연세가 지긋한 외국 할아버지와 대화를 나누게 되었다. 짧은 시간이었지만 내 꿈의 방향을 정하는 계기가 될 정도로 무게와 충격, 그리고 번뇌를 가져다 주었다.

"필리핀은 한때 한국에 기술을 지도하고 식량 등의 물자를 원조했었지. 그런데 300여 개의 가문이 나라를 독점하고 있어. 그들은 아무런 변화도 바라지 않아. 인재들은 어쩔 수 없이 그들을 위해 일하거나, 나라를 떠나야 하지. 필리핀이 못사는 것은 어쩔 수 없이 그들에게 힘이 집중되어서야. 그런데 그들은 행복하게 살아가네. 미스터 남, 우리는 다시 못 볼 테지만, 자네를 위해 한마디 해 주고 싶네. 한국 사람들은 지금 잘살고 있으면서도 왜 서로 못 잡아먹어서 안달인가? 필리핀 사람들 앞에서는 대단한 척하는데, 또 서양인 앞에서는 주눅이 드네. 게다가 내가 볼 때 한국 사람들끼리는 서로 깎아내리는 데 혈안이 되어 있어. 억울하면 출세하라니, 돈을 많이 벌라니, 그런 말을 하는데 나는 그 이유를 모르겠네. 그게 한국 사람들에게는 그토록 중요한가? 미스터 남, 나는 한국이라는 나라가 참 좋아. 이렇게 빨리 성장을 이뤘지 않은가. 그런데 너무나 불행해 보인다네…."

한국의 젊은 청년을 만나면 이 말을 꼭 해 주고 싶었다고 했다. 내가 이해하지 못할까 봐 쉬운 단어로 천천히 말씀해 주신 할아버지는 마지막으로 충격적인 한 마디를 내 귀에 속삭이듯 건네시고는 엘리베이터 쪽으로 걸음을 옮기셨다.

"자네를 위해서 말해 주고 싶으니 꼭 기억해 주게. 사실 한국은 죽어 가고 있네. 한국인들의 제로섬 게임에 의해서 말이야. 미스터 남, 이 문제를 해결하기 위해서 살아보게. 자네가 자네의 나라를 사랑한다면.”

나는 할아버지를 붙잡고 싶었다. 급한 나머지 엘리베이터 사이에 손을 넣어 다시 문을 열었다.

“그러고 싶지만 저는 명문대학교 학생이 아닙니다. 저에게 그런 기회도 오지 않을 뿐더러, 사람들은 저에게 신경도 쓰지 않을 겁니다. 그런데 어떻게 해야 하나요?”

“미스터 남, 나는 전 세계를 다녀 보았지만, 한국의 명문대학교의 이름을 들어본 적은 없네. 그리고 내가 만난 세상을 바꿔 나가는 이들은 학교의 이름이 아니라 자기 자신을 믿고 있었다네. 정말로 한국은 조만간 사라질 것 같은 생각이 든다네. 해결 방안은 자네가 찾아봐야지. 자네는 한국인이지 않은가?”

2010년 2월 12일의 밤은 끝나지 않을 만큼 길었다.


애벌레는 반드시 거창하고 장기적이며 아무나 이룰 수 없는 대단한 꿈을 먹을 필요는 없다. 그래야만 한다고 생각했던 때가 있다. 나는 다른 사람들을 잣대로 삼아 비교해야만 어디쯤 왔는지 알 수 있었다. 그림자에 가려진 나는 너무 작고 초라해 보였다. 그런데 나만의 기준을 세웠을 때, 지구는 온전히 나만의 것이 될 수 있었다. 물론 할아버지의 말씀은 잊을 수 없는 거대한 폭풍이 되어 내 마음에 남았지만, 당장 할 수 있는 것은 없었다. 우선은 시간에 맡기는 수밖에 없었다. 지금은 내가 조금이라도 더 행복할 수 있는 길을 찾아야 했다.

나는 꿈을 먹으며 대학생활을 보내는 것이 나의 인생에서 정말 소중한 시간이 될 것이라고 믿었다. 그렇게 생각을 조금만 바꾸

었더니 시간은 매초마다 꿈으로 가득 차 있었다. '꿈을 이루고
살자' 는 말보다는 '매순간 꿈을 꾸고, 매순간 이루며 살자' 라는
표현이 더 적합할지도 모르겠다.
사람이 하루에 오만 가지를 생각한다면, 나는 하루에 오만 가지
꿈을 먹으며 사는 이등 애벌레가 되고 싶었다.

# 여행이 네게 남긴 것이 뭐야?

in 대한민국

"서두르지 않아도 괜찮아."

그것은 내 영혼의 속삭임일 뿐, 나는 기다리고 있었다. 누군가가 어깨에 손을 올리고 다독여 주기를. 그런데 나는 취업동아리를 이끌고 있었기 때문에 내 주변은 항상 사회로 나가기 위해 서둘러야만 하는 분위기였다. 그럼에도 외국인 할아버지와 어학원 선생님이 해 준 말들이 머릿속을 맴돌았다.

"자네를 위해서야. 꼭 기억하게. 한국은 죽어 가고 있네. 한국인들의 제로섬 게임에 의해서."

"우리 필리핀 사람들은 한국에 대해서 조금은 아는데, 라이언군은 우리 문화에 대해서 얼마나 알고 있어요?"


지금 내게 필요한 것은 당장 취업을 위한 스펙을 쌓는 것일까? 아니면 머리와 가슴에서 나를 끌어당기는 무언가에게 답을 건네야 하는 것일까. 무엇이 더 행복할까?

귀국 후 미소 국가대표 활동을 하며 외국인들에게 환대 서비스를 개선하기 위한 활동을 하고 있었다. 한국에 여행을 왔을 때 실감하는 서비스의 질적 수준은 분명 외국에서 그들이 다른 외국인들을 환대했던 경험과 비교가 될 것이다.

그래서 나는 우리나라와 외국의 환대 서비스의 차이를 알고 싶었다. 다시 한 번 세상에 나가서 부딪쳐 보기로 했다. 동생 시현

이와 함께, 여행 경비는 넉넉하지 않지만 철저하게 유럽 배낭여행 준비를 했다.

지난 여정들은 나비가 되기 위해서는 꿈을 먹고 자라나야 한다는 사실을 깨닫게 해 주었고, 무의식 속에서 숨어 지내던 '나 자신'을 찾을 수 있도록 도와주었다. 그렇게 나도 조금은 '나비'에 가까워지기 시작했다는 생각이 들었다. 이제야 애벌레는 허물을 한 겹 벗어 낼 수 있었다.

# 다시 세상 속으로

in 런던

런던 히스로 공항으로 향하는 비행기는 장장 14시간이나 걸렸다. 비행기는 곧 밤하늘로 입수했고, 한 치 앞도 보이지 않는 새까만 우주와 불이 들어와 있는 가로등들이 얼핏 보였다. 기내식은 적당히 소스로 버무린 닭가슴살과 생선 등이었는데 입맛에 딱 맞아 본격적인 방랑을 준비하는 우리에게 완벽한 마지막 만찬이 되어 주었다.


숙소를 예약하지 않고 그냥 떠나왔다. 한 번쯤 이런 여행을 경험하고 싶었다. 2010년 여름은 무선 인터넷과 스마트폰이 보급되기 전이어서 우리가 할 수 있는 것이라고는 사람들에게 물어보는 방법밖에 없었다.

베이스워터 역에 도착해서도 한 시간을 헤매고 나서야 겨우 '하이드 파크 인'에 숙소를 정했다. 그것도 16인실 남녀 혼숙 도미토리에 겨우 빈 침대가 두 개 남아 있었다. 문을 열고 방에 들어가 보니 철골로 만든 2층 침대 여덟 개가 놓여 있었다.

방에 들어서자마자 형형색색의 배낭과 캐리어들, 그리고 옷가지와 침대 위에 구겨진 이불이 눈에 들어왔다. 그 사이로 오히려 깔끔한 게 더 어색한, 하얀 침대보가 씌워진 침대 두 개가 우리를 반겼다. 구석에서 우리 또래 여자아이들의 목소리가 들렸고,

동생과 나는 조용히 가방을 내려놓았다.

그런데 뒤쪽에서 갑자기 속옷만 입은 여학생 셋이 우리에게 반갑게 인사를 건넸다. 자신들은 스페인에서 왔다고 소개를 하더니 돌아보지도 않고 떠들면서 샤워장으로 갔다.

다음날 아침에도 그 여학생들은 속옷 차림으로 돌아다녔다. 어제 온 스페인 남자도 속옷만 입고 돌아다니니, 옷을 입고 샤워하러 가는 우리가 더 어색했다.


런던의 지하철은 한여름인데도 에어컨 없이 창문을 열고 달린다.

바람이 들어왔지만 시원하지는 않았다. 우리나라였으면 당장 지하철을 교체하라고 언론에서 보도하고 난리가 났을 텐데, 여긴 그러려니 하나 보다. 이런 기본적인 환경이 우리보다 나은 것도 아닌데, 왜 우리는 서양을 선진국이라고 하는지 의문이 들었다.


이곳은 거리 옆 잔디밭에 누워 있어도 눈치를 주는 사람도 부끄러워하는 사람도 없었다. 여행자라는 기분이 우리를 그렇게 만든 건지, 자유로웠다.
푸른 잔디가 펼쳐진 공원에 누워서 일광욕을 하는 사람들. 주말이 아닌데도 많은 사람들이 공원에 나와 있었다. 가족, 연인, 친구, 여행자 모두 즐거워 보였다.
맑은 날이 손에 꼽을 정도여서 그럴 수도 있지만, 그들은 자연 그대로를 즐기고 있었다. 나도 길을 걷다가 눕고 싶으면 눕고, 뛰고 싶으며 뛰고, 높이 점프하고 싶으면 그렇게 했다. 자유롭고 행복했다. 선진국은 겉모습도 중요하지만, 국민의 삶의 내면에 행복이 자리 잡고 있어야 하는 것이 아닐까?


대영박물관에는 물론 기증을 받은 것도 있겠지만, 영국의 기상을 보여 주는 듯 엄청난 전리품들이 전시되어 있었다. 다른 나라에 있어야 할 역사와 가치 있는 문화들을 가져와서 반환하지 않다니. 공원에서 느꼈던 자유로운 감정이 자칫하면 가진 자의 여유처럼 느껴질 수도 있겠다는 생각이 들었다.
그리스 정부가 국제사법재판소에 반환 소송을 하였는데 영국 측

은 완벽한 보존, 그리고 옛 역사를 밝혀 내어 학문적 토대를 구
축했으며 상업성이 없다는 명분을 인정받아 승소했다고 한다.
그래서 그리스의 일부가 영국에서 숨을 쉬고 있다. 차라리 조그
마한 대한민국관이 고맙다고 해야 할지, 아리송한 마음을 뒤로
하고 우리는 발길을 재촉했다.


기우는 해를 따라 템스 강을 걷다 보니 저 멀리 타워브리지가
보였다. 조금 더 걸어가니 강변 카페에서, 아니면 길 난간에 걸
터앉아 와인 잔을 기울이는 사람들이 보였다. 시간이 멈춘 듯한

BRIDGE
STREET
SW1
CITY OF WESTMINSTER

그들만의 세상.

우리 같은 가난한 나그네는 와인을 마시는 사치 따위는 생각할 수도 없었다. 강가에는 붉고 하얀 와인 향이 흐르고 있었다. 부럽지는 않았다. 다만 다시 런던에 돌아오는 8월 16일쯤에는 우리도 이곳에서 와인과 함께 여행을 정리하리라 다짐했다.

## 저기, 안녕하세요?

in 브뤼셀

아침에 브뤼셀에 있는 호스텔에 도착하니 체크인까지 시간이 좀 걸린다고 한다. 그런데 기다리는 동안 주인 할아버지가 아침을 먹으라며 배려해 주셨다. 알 수 없는 콧노래를 흥얼거리면서 빗자루로 구석구석 청소를 하시는 모습에 우리도 덩달아 흥이 났다.

시리얼과 토스트, 그리고 우유를 챙겨 식탁에 앉으려는데 우리 뒤에서 식사를 하고 있는 여행객이 한국 사람처럼 보였다. 말을 걸어보니 아프리카를 여행하고 돌아온 런던에서 유학하는 한국인 학생이었다. 검게 그을린 얼굴에 마치 세상을 다 가진 듯한 표정을 지어 보였다.

시리얼을 한 숟가락 입에 떠넣으며 자랑스럽게 팔을 불쑥 내밀었다. 부족민이 그려 준 문신을 보여 주며 아프리카도 꼭 가 보라고 한다. 봉숭아물을 들인 것처럼 그녀의 팔에는 원주민이 그려 준 선들이 정교하게 그려져 있었다.

지하철을 타고 중앙역에 내려 브뤼셀의 중심지 그랑플라스라는 곳으로 향했다. 지도를 보지 않고 표지판만 따라갔더니 방향을 잘못 짚었다. 그러나 앞에 거대한 성당이 보이기에 얼른 들어가 봤다. 우리가 들어서자 마치 우리를 반겨 주듯 파이프 오르간 연주가 시작되었다.

생 미셸 대성당을 가득 메우며 울리는 저음과 고음의 웅장함이 온몸을 휘감았다. 한참 넋을 놓고 연주를 듣고 있던 우리는 너무 조용해서 박수는 치지 않고, 옆에 있는 분에게 무슨 연주냐고 물어보았다. 오후에 있을 모차르트 공연 리허설이라고 친절하게 설명해 주었다. 그리고 우리에게 운이 좋은 여행객이라며 행운을 빌어 주었다.

밖으로 나오니 푸르른 하늘에 구름이 군데군데 떠 있고, 저 멀리 높이 솟은 탑 꼭대기가 보였다. 그래, 저게 바로 우리가 사진으로 보았던 '그랑플라스'였다. 대충 방향을 잡고 그쪽으로 향했다. 드넓은 광장은 마치 중세 시대의 성처럼 둘러싸여 있어 광활함이 느껴졌다. 벽돌을 박아서 만든 광장 바닥의 매력에 흠뻑 빠져 버린 우리는 또다시 감탄하기 시작했다.


'꼬마 줄리앙'이라는 애칭으로 널리 알려진 오줌싸개 동상.

이 꼬마 오줌싸개가 그동안 입은 옷은 미키 마우스부터 엘비스 프레슬리의 복장 등 600벌이 넘는다고 한다. 그런데 이 오줌싸개 동상 앞에 웬 젊은 친구들이 모여 자신들의 망토를 입혀놓고 사람들에게 맥주를 나눠 주며 축하하는 분위기였다.

그냥 지나가기가 아쉬웠다. 하지만 스무 명 정도 모여 있는 외국인들에게 다가가 아무렇지도 않은 듯 '안녕?' 하고 인사를 건네기가 왜 그리도 힘들던지. 필리핀에서 돌아올 때 분명히 다짐했음에도 나는 여전히 변하지 않은 부분이 있었다.

'남의 시선을 의식하지 말고 내가 해야 할 것들을 피하지 말자.'

나는 다시 한 번 마음속으로 다짐하고 그 친구들에게 다가갔다. 그들과 나의 거리는 단 여덟 걸음이었다. 나와 동생은 이야기를 나누며 맥주를 건네받았고, 우리를 중심으로 모두 모였다. 왕이

되었단다. 아마도 학생회장이겠지? 다같이 맥주를 높이 들고 축
하한다는 의미에서 건배를 했다. 앞으로 더 멋지게 살자며 서로
격려의 악수를 나누었고, 우리는 다시 그랑플라스로 돌아왔다.
그런데 문득 이 넓은 곳에 한국 사람들이 많이 있는데도 서로 모
른 척하는 것이 아쉬웠다. 그래서 나는 흩어져 있는 한국인들을
모으기 시작했다. "저기, 안녕하세요~"를 외쳐서 쳐다보면 한국
인 당첨. 이것도 하나의 이벤트라고 생각하는 한국인들이 광장
한쪽에 모였다. 서로 인사를 나누고, 여행 이야기를 나누었다.
헤어질 때는 서로에게 행운을 빌어 주었다. 여행의 묘미는 지나
가는 모든 이와 시간을 공유하는 것이다. 우리는 모두 각자의 삶

에서 무엇인가를 내려놓고 떠나온 여행자였다. 너나 없이 공간이 흐르는 대로, 마음이 흘러가는 대로 몸을 맡겼다. 그 앞에 무엇이 있든지 여행자는 언제나 오픈 마인드.


# 조금 덜 후회하기

in 파리


모두가 예상하건대 여행자가 파리에서 처음 들르는 곳은 에펠탑일 것이다. 우리 또한 저 멀리 보이는 철골 구조물의 부조화에 빠져들기 시작했다. 정말 철사를 꼬아 만든 탑이 하나 서 있는데, 얼마나 신기하던지. 쇠그물 같은 에펠탑 사이로 구름이 지나가면 그것들은 분명 국수처럼 가닥가닥 흩어질 것이다.

그런데 막상 에펠탑 앞에 서서 올려다보고 있는데 마음이 상했다. 크기가 기대보다 작거나 예술적 가치가 실망스러워서가 아니다. 도착하자마자 들은 외국인들의 반가운 인사 때문이었다.

"곤니찌와."

"니하오?"

이런 상황이 오늘만 해도 서너 번이나 있었다. 처음에는 어떻게 대처해야 할지 막막했는데 이제 그들에게 직접 설명을 해 주기로 했다. 그런데 우리 설명을 다 들은 후 그들의 대답은 더 당혹스러웠다.

"아, 미안해요. 그럼 남한? 북한?"

대한민국에서 왔다는 설명을 듣고 나서야 우리 형제의 정체성을
인정하는 사람들을 뒤로 하고 무거운 발걸음을 옮겼다. 하지만
마음 깊은 곳에서 터져 나오는 한숨까지는 막을 수 없었다.

센 강을 따라 정처 없이 걸었다. 루브르 박물관, 시청, 노트르담 대성당이 눈에 들어왔다. 다시 돌아오는 길에 루브르 박물관 옆 예술의 다리를 건넜다. 다리 위에는 와인을 마시며 즐거운 시간을 보내는 젊은이들로 북적거렸다. 그들은 편하게 와인을 들고 나와 마시며 이야기하는 것이 하나의 문화였다.

갈색 웨이브 머리가 어울리는 한 남자가 노을을 배경으로 의자에 앉아 기타를 치기 시작했고, 주변 사람들은 박수를 쳐주었다. 그런 분위기가 낯설면서도 부러웠다. 이제는 법적으로 그곳에서 와인을 마실 수 없도록 제재한다니, 파리의 문화가 하나 사라져 버렸다.


런던은 박물관이 무료였는데 파리는 입장료를 내야 했다. 그런데 건물에는 정수기조차 없었다. 화장실도 돈을 내고 들어가야 하다니, 좀 당혹스러웠다. 런던 지하철의 열린 창문을 봤을 때, 벨기에 지하철에서 동전 교환기가 없어 지나가는 사람들에게 도움을 청했을 때, 그리고 파리의 이런 환경들은 우리가 가지고 있던 선진국에 대한 환상을 깨는 데 도움이 되었다.

그런 생각을 하며 루브르 박물관 '민중을 이끄는 자유의 여신' 앞에 앉아 있었다. 그런데 옆에서 한국말이 들렸다. 지금 머물고 있는 숙소는 무선 인터넷이 안 되어 다른 숙소를 찾을 수도 없는 답답한 상황이었다. 기차표가 없어 5일을 더 파리에서 머물러야 했기 때문이다.

"저기 죄송한데요, 한인 민박에 머물고 계세요?"

그리고 우리 사정을 얘기했더니, 아주 자세하게 민박집 가는 길을

가르쳐 주었다. 그 후 6시간 넘게 박물관을 더 돌아다녔다. 웬만한 축구경기장보다 더 큰 박물관을 구경하고 밖으로 나왔다. 예술의 다리는 여전히 강 위에서 반겨 주었다. 이제 이 다리는 파리에 없으면 안 될 것 같다. 1.75유로짜리 싸구려 와인과 과자 두 봉지를 샀다. 이 분위기에서 와인을 마셔보지 못하면 두고두고 이룰 수 없었던 짝사랑마냥 생각이 날 테니까.


파리를 떠나기 전날. 꽤 오랜 시간 무의식 속에서 잠을 자던 '내'가 깨어났다. 에펠탑에서 고민했던 것에 대한 해답을 주었다. 다음날 아침 근처 카르푸를 들렀다. 돌아오는 길에 내 손에는 하얀 티셔츠와 삼색 매직펜이 들려 있었다. 거리의 재활용 더미를 뒤적이다가 마음에 드는 막대기도 발견했다. 동생 시현이는 나의 작품을 물끄러미 바라보더니 걱정스런 마음을 내비쳤다.

"3일 동안만 지켜보자, 형. 그러다 혹시 시비 거는 외국인이 있
으면 바로 접는 거야. 굳이 나서서 문제를 일으키면 안 되니까."
어찌되었든 나는 반드시 시작하고 싶었다. 그렇지 않으면 평생 후
회하며 살아야 할지도 모른다. 중요한 건 내가 출발하지 않으면
아무런 목적지에 도착할 수가 없다는 것이었다. 나는 지금 이 한
걸음이 내 삶을 어떻게 변화시킬지도 모르는 채 걸어 나가기 시작
했다. 나의 꿈은 어느덧 두 번째 허물이 벗겨졌는지도 모른다.


# 1929~1945

in 암스테르담


튤립과 풍차로 널리 알려진 나라, 우리에게는 거스 히딩크 감독
으로 더 익숙한 나라, 네덜란드를 향하는 기차에 앉아 있다. 지도
로 먼저 만난 암스테르담은 계획적인 도시 설계로 마치 강이 성
을 둘러싸고 있는 것 같았다. 도시, 운하, 도시, 운하 순서로 겹겹
이 둘러싸인 신기한 풍경이다.
그런데 기차 안에서 사람들의 시선이 우리에게로 집중되었다. 정
확히는 지도티셔츠를 보고 있었다. 표를 검사하기 위해 다가온
역무원도 우리를 한참 바라보았다. 다시 한 번 지도티셔츠와 우
리를 번갈아 쳐다보고는 잠깐 보자면서 말을 건넸다. 휴, 벌써부
터 제지하는 사람이 생기면 어떡하지?
"선생님들, 한국에서 오셨습니까? 그런데 그 티셔츠에 적혀 있는

내용이 일본과의 어떤 문제를 적어 놓은 것으로 보입니다. 다른 손님들에게 피해가 갈 수도 있으니 접어서 가방에 넣어 주시길 부탁합니다."

절대로 그럴 수는 없었다. 제3국의 국민이 보면 그냥 예쁜 지도일 뿐이니까.

"죄송하지만 그건 안 됩니다. 그리고 약간의 오해가 있는 듯합니다. 이것이 왜 다른 손님들에게 피해인가요? 프랑스 사람이 에펠탑을 홍보하는 것, 네덜란드 사람이 튤립과 풍차를 알리는 것과 같은 것입니다. 선생님께서는 저희 티셔츠로 인해 우리가 한국에서 왔음을 알 수 있지 않았습니까?"

"그건 그렇지만 일본인 손님에게는 기분이 나쁠 수도 있어서 드리는 말씀입니다."

"아니요. 프랑스와 영국 사이의 해협을 'English Channel'이라고만 부르는 것이 옳은가요? 지금 유럽 국가들이 '북해'라고 부르는 것을 'Sea of Germany'라고 부른다면 그냥 모른 척해야 할까요?"

그에게 잠시 생각할 시간을 주고, 나도 숨을 조금 돌리고 나서 다시 이야기를 했다. 약간 감정적으로 변하니까 영어가 평소보다 더 잘 나왔다. 그래서 영어 토론을 하면 스피킹 실력이 는다고 하는가 보다.

"저희는 한국인으로서 여행이 끝날 때까지 접을 생각이 없습니다. 선생님께서도 이해해 주시길 부탁합니다. 만일 손님들 중 두 분 이상이 불쾌감을 표현하신다면 저희도 정중하게 접도록 하겠습니다."

계속 경청하던 검표원이 그제야 고개를 끄덕였다. 그는 악수를 청하며 말했다.

"역사적인 부분은 잘 모르지만, 맞는 말인 것 같네요. 학생들이 이렇게 하는 데에는 그럴만한 이유가 있어 보입니다. 앞으로 또 이런 일이 발생하더라도 힘냈으면 좋겠습니다. 그럼 남은 여행도 즐겁게 하세요."

사람들은 계속 우리를 쳐다보았다. 무슨 애기가 오갔는지 궁금했나 보다. 승객들과 눈이 마주쳐 머쓱하게 웃으며 꾸벅 인사를 건넸다.


나무가 울창한 한적한 도로를 따라 한참 동안 걷다 보니, 지도는 저 앞 모퉁이를 지나 숲으로 들어가라며 우리를 안내했다. 걸어다닌 지 두 시간이 지나서야 캠핑장의 화살표가 보였다. 모퉁이를 지나니 작은 마을이 있었다. 벽돌로 지은 집들이 옹기종기 모여 있고, 창문 사이로 사람들이 잔을 들고 웃으며 파티를 즐기는 모습도 보였다.

그들은 우리 티셔츠를 보고는 흠칫 놀라 수군대며 쳐다보았다. 눈이 마주쳤는데, 서로 피식 웃어 버렸다. 손을 흔들어 주고 우리는 캠핑장으로 걷고, 그들 또한 다시 떠들기 시작했다. 다른 사람들은 모두 차를 타고 오는 곳인데 우리는 걸어서 왔으니 숙박비 조금 아끼려다 지쳐서 쓰러질 뻔했다.

몇 가구 안 되지만 아주 고풍스러운 암스테르담의 마을을 가로질러 가니 강과 늪이 섞인 곳에 다리가 놓여 있었다. 우리 뒤로는 높은 성당이 초저녁 하늘의 별들과 잘 어울렸다. 시간이 멈춰 버린 듯한 광경에 힘든 것도 잊고 잠시 주변을 둘러보았다. 영화

속에 들어온 기분을 느끼며 우리는 다리에 잠시 드러누워 귀를 기울였다. 풀벌레 소리, 바람에 흔들리는 숲의 향기, 다리 밑으로 흐르는 물소리, 하늘을 수놓은 별들의 웃음소리가 긴 여정에 지친 우리 몸을 어루만져 주었다. 무엇이 문제인가? 아무런 문제도 없다.

그렇게 숲으로 조금 더 들어가서 찾아낸 숙소는 키 큰 나무들이 빼곡하게 심어진 통나무집이었다. 2인실의 아담한 오두막에 짐을 풀고는 맥주를 한 잔 하려고 바깥 테이블에 앉았다. 우리 눈앞으로 토끼들이 지나갔다. 귀가 쫑긋한 것이 틀림없이 토끼였다. 캠핑장을 깡총거리며 배회하는 토끼들 위로 밤하늘의 별들이 은은하게 속삭이고 있었다. 우리는 다시는 경험할 수 없을지도 모르는 자연 그대로의 밤을 맞이했다.

"Please Remember East Sea&Dokdo?"

"이게 뭐죠?"

여행객들이 우리를 부르더니 세워 놓고 읽기 시작했다. 지도가
워낙 눈에 띄어서인지, 관광을 하다가 지루했는지, 아무튼 그들
은 처음 보는 우리에게 다가와 잠시만 서 있어 달라며 부탁했다.
티셔츠를 잡고 팽팽하게 펴고는 소리 내어 읽었다. 벌써 몇 번째
인지 모르겠다. 예상하지 못했는데, 외국인들의 관심 덕분에
우리는 예정했던 목적지를 몇 군데 건너뛰었다.

그런 건 아무래도 좋았다. 파리에서 경험한 아쉬운 감정이 외국

인들의 질문에 더 성의껏 대답을 하게 했다. 어느새 지나다니던 사람들이 우리를 둘러싸기 시작했다. 한때는 외국인 앞에서 영어로 프레젠테이션을 해 보는 것이 꿈이었는데, 이제는 내 스스로 만들어 낸 상황에서 그들에게 동해와 독도에 관한 이야기를 해 주고 있었다. 꿈이 일상이 되었다. 심장이 터질 듯이 뛰었지만 잘 추슬렀다. 몇 번 경험해 보니 간단하게 잘 정리하여 말하는 데 익숙해졌다.

"아, 그래서 이런 것을 들고 다니는군요."

"일본이 그런 만행을 저지르고 있다니, 힘내세요."

응원 섞인 반응에 감사하다고 인사를 하는데 누군가 이렇게 물어봤다.

"한국에는 이런 청년도 있군요. 지금 어디 유학생이세요?"

"아니요. 저희는 배낭여행 중이에요."

그곳에 모여 있던 사람들의 놀라는 모습에 우리도 땀이 났다.

다들 유학생이라고 생각했나 보다.

"배낭여행 중이라면 구경할 시간도 부족할 텐데, 이렇게 시간을 보내면 어떻게 해요?"

"지금 이 시간도 우리는 여행 중이에요. 무엇을 보러 왔는지가 아니라, 어떻게 더 가치 있는 시간을 보내느냐가 더 중요해요. 그래서 저희는 괜찮습니다. 관광지는 사진으로도 볼 수 있잖아요?"

갑자기 박수를 치며 환호해 주는 사람들에게 쑥스러워 손사래를 치며 인사를 건넨 후, 조금 더 골목들을 거닐었다. 그러고는 자그마한 동상 앞에서 멈춰섰다. 왼손을 등 뒤로 하여 오른손 팔뚝을 잡은 작은 소녀가 서 있었다. 억압받던 그들과 우리의 과거가 겹쳐져서 눈물이 핑 돌고 울컥했다.

동상에는 'ANNE FRANK 1929~1945'라고만 적혀 있었다. 다른 장식과 설명이 없는 청동빛 소녀의 모습으로도 우리는 충분히 그녀가 전하고자 하는 감정을 느낄 수 있었다. 과거 우리 어르신들의 아픔이 떠올라서 속으로 울었다. 청동 소녀에게는 세상 어떤 따스한 바람도 차가우리라. 우리 형제는 한동안 말없이 천천히 길을 걸었다.


# 괜찮아, 그건 네 잘못이 아니잖아?

in 프랑크푸르트


프랑크푸르트 역 근처 호스텔에 체크인을 했다. 로비에 들어서자마자 많은 사람들이 다녀갔음을 확인할 수 있었다. 세계 각국의 돈이 접수처에 붙어 있었기 때문이다. 아쉽게도 우리나라는 빠져 있었다. 접수원이 우리 지도티셔츠에 관심을 갖고 한참 읽고 있길래, 잠시 서 있다가 간단하게 설명해 주고 그녀에게 물어보았다.

"한국 지폐를 붙여도 되겠죠?"

"물론이에요. 우리야 고맙죠."

그렇게 붙여 놓고 나니까 그 호스텔에 더 애정이 갔다. 짐을 정리하러 올라갔는데, 4인실에는 이미 침대 두 개가 헝클어져 있었다. 동생과 나는 빈 침대에 익숙하게 짐을 풀고 잠시 누워 있었다.

HAUPTBAHNHOF
Please Remember :)
China
East Sea
or
Dok do
Japan
KOREA

지도티셔츠를 만들고 난 후부터 하루 종일 쉬지 않고 메고 다녔더니, 양쪽 어깨에 물집이 잡혀 버렸다. 어깨가 따끔거려 오래 걷지 못했다. 앉았다 움직이기를 반복하며 골목골목을 다니다가 공원에 잠시 누워서 낮잠을 청했다.

굳이 가방을 들고 다닐 필요는 없는데 지도티셔츠를 위해서는 가방을 메고, 그 안에 짐도 넣고 짊어져야 했다. 안 그러면 힘이 없어서 바람에 휘청거렸다. 한동안은 어쩔 수 없이 가방 끈을 약간 느슨하게 메기로 했다. 이제 동생도 외국인들과 말다툼이 생기지 않는다는 것을 알고는 여행이 끝날 때까지 들고 다니는 것에 대해 확실하게 인정해 주었다.

샤워실에서 수증기가 자욱하도록 뜨거운 물을 뒤집어썼다. 피로를 싹 씻어내고 수건으로 머리를 말리면서 방에 들어오니, 누군가가 물끄러미 우리 지도티셔츠를 보고 있었다. 일본인이었다. 어차피 한 번은 만나야만 했다. 그는 나를 똑바로 쳐다보면서 말을 건넸다.

"제가 볼 때 상당히 기분이 좋지 않은 내용인데, 좀 치워 주면 안 될까요?"

나는 머리의 물기를 털어내며 말했다.

"싫습니다."

"역사 전공을 하는 입장에서 다케시마(독도)와 니혼카이(일본해)의 정당성에 대해 잘 알고 있으니, 저런 쓸데없는 티셔츠는 그냥 버리시는 게 어떨까요?"

"어찌 전공을 하셨다는 분이, 동화책으로 공부하셨나 봅니다."

그러자 표정이 일그러진 그는 짜증을 내며 그냥 밖으로 나가려고 했고, 나는 그를 다시 불러세웠다.

"실례합니다. 솔직하게 말해서 당신이 모르는 것이 당신의 잘못
은 아닙니다. 정부의 우익으로 인해 잘못된 것인데, 일개 학생인
당신이 어떻게 알 수 있겠습니까? 교과서 자체가 거짓인데 말이
죠. 당신은 단지 가르쳐 주는 대로만 배웠죠? 이해합니다. 다만
돌아가시면 역사적인 사실을 다시 찾아 보시기 바랍니다."

그는 잠시 머뭇거리며 뭔가를 말하려다가 휑하니 나가 버렸다.
방 안은 한없이 고요해졌다.

우리는 피곤해서 곧 잠이 들었는데, 다음날 아침에 일어나니 그
는 이미 퇴실하고 없었다. 하품을 하며 아침을 먹으러 내려갔는
데, 그가 체크아웃을 하고 있었다. 눈이 마주치자 다가와서 말을
걸어왔다.

"어제 곰곰이 생각해 봤는데, 당신이 말한 것 모두가 옳다고 생
각하지는 않아요. 그러나 깊게 공부해서 진실이 뭔지 알아봐야

할 가치가 있어요."

"고마워요. 행운을 빌죠."

"그쪽도요."

나는 이렇게 활동은 하고 있지만, 고백하자면 일본 사람 자체가 싫은 것은 아니다. 그래서는 안 된다. 단지 일본 정부가 국민들을 선동할 뿐이었다. 그들은 아무것도 모른 채 제국주의의 야욕이 넘치는 정부에게 이용당하고 있었다.

그들 중에는 순수하게 한국 문화를 아껴주는 이들이 많다. 우리나라에도 일본 문화를 좋아하는 사람들이 꽤 많다. 그러나 눈앞의 허울에 사로잡혀 초점이 흐려져서는 안 된다. 옳고 그름은 확실하게 바로 잡고, 역사적인 잘못에 대한 사과는 확실하게 받아야 한다. 우리 세대가 잊고 지나간다면, 이제 더 이상 기억해 줄 사람이 없다.


# 예술가의 눈

in 프라하


신성로마제국의 수도였던 프라하는 분위기 자체가 고풍스럽고 화려했다. 구 시청사 광장에는 아파트 6층 높이의 거대한 천문시계탑이 있다. 아침 9시부터 밤 9시까지 매 시각 정각에 그리스도 12제자가 모습을 드러낸다고 한다. 새가 어미에게 밥을 달라고 고개를 내밀듯 정각이 되자 사람들은 딱 그 모습으로 머리를 치켜들었다. 무려 600년 전에 만들어졌다니, 지구 곳곳에는 위대한 지구인들이 많이 살고 있었다는 사실이 놀라웠다.

근처 가게에서 관광객들에게 물을 뿌려 주고 있었다. 7월 초라서 너무 더운 나머지 여행객들은 쭈뼛거리며 가게 앞으로 다가갔다. 우리 역시 지도티셔츠를 지켜야 하니 번갈아 가며 물줄기를 맞았다. 얼마나 시원하던지. 물론 순식간에 젖은 옷이 말라 버리는 바람에 태양의 위력을 실감했다.


그늘 하나 없는 오르막길을 오르며 어깨에 잡힌 물집 때문에 저절로 얼굴이 찡그려졌다. 하지만 누군가 동해와 독도에 대해 물어보면 아픈 것도 잊고 웃으며 답변해 주었다. 그렇게 프라하 성에 도착해 보니, 프라하 시내에는 유난히 붉은 지붕들이 많았다. 중세 시대의 예쁘게 단장된 모습을 그대로 보여 주었다.

성 비투스 대성당도 웅장했다. 길이 124m, 최대 폭 60m, 천장 높이 33m에 탑 높이는 100m. 이번에는 공사기간이 600년이 걸렸단다. 다시 내려와 카를교를 향했는데, '신의 조합'이라는 DSLR 카메라를 들고 있는 이들이 우리에게 다가왔다.

"우리는 폴란드에서 왔어요. 당신들은 한국에서 왔군요. 우리도 한국의 역사적인 문제에 대해 조금은 알고 있어요."

우리 옆에 걸터앉더니 악수를 청하며 말을 이었다.

"우리는 폴란드의 어느 잡지 저널리스트예요. 친구와 여행에 관련된 주제를 찾아서 다니고 있는데, 당신들을 만났네요. 정말 반가워요."

"아, 반가워요. 동해와 독도 문제에 대해서도 아신다고요? 신기

하네요. 외국인들은 잘 모르는데.”

“우리 폴란드는 한국과 비슷한 역사를 가지고 있어서 조금 들어
봤어요.”

그들과 사진을 찍고 어떻게 여행을 하게 되었는지 조금 더 설명
을 해 주다가 서로 갈 길을 떠났다. 정말 그 잡지에 나왔으려나?
카를교를 잠시 다시 둘러보는데, 근위병이 우리와 눈을 마주치
더니 지도티셔츠를 보고 고개를 끄덕였다. 그는 다른 사람이 사
진을 찍을 때는 아무 동작을 취해 주지 않았는데, 우리가 한 장
찍겠다고 요청했더니 최고의 포즈를 취해 주었다. 예술가의 눈
을 가진 멋진 사람.

# 잠시 동해와 독도를 잊고

in 비엔나

슈테판 성당 지하에는 죽은 이들의 유해를 모아 두었다. 그것을 보여 주는 카타콤 투어는 정말 철창을 사이에 두고 건너편 검은 공간에 아이, 어른의 하얀 뼈들이 뒹굴고 있었다. 아니, 산을 이루고 있다고 해야 할 것 같다. 정말 끝도 없이 새하얀 뼈들로 가득 차 있었다. 카메라는 입구에서부터 꺼버렸다. 그곳에서만큼은 잠시 동해도 독도도 잊고, 그렇게 유해만 남은 이들을 위해 명복을 빌었다. 뭔가 가슴이 먹먹한 게 대상도 없이 무언가가 사무치게 그리웠다.


"교수님, 제가 언제 오스트리아 비엔나에 가서 그 '키스'라는 작품을 직접 볼 수 있을까요. 하지만 죽기 전에 꼭 가 보고 싶어요."
올해 경영학 복수전공을 시작한 나는 학기 초에 교수님으로부터 구스타프 클림트의 '키스'에 대한 이야기를 들었다. 공부도 중요하지만 예술작품에 대해 아는 것도 중요하니 꼭 기회가 되면 가서 보라고 하셨다.
그런데 지금 나는 '키스' 앞에 서 있다. 오스트리아의 자존심이라 불리는 국보급 '키스'는 방탄유리 밖으로 나올 수 없기 때문에 이곳이 아니면 지구 어디에서도 볼 수 없다고 한다. 그래서 수많은 관광객들이 이곳으로 와야만 한다.
저런 문화가 우리나라에는 없을까? 아니, 없을 리가!

왜구와 오랑캐의 침입으로 정말 세계에 내놓아도 호평 일색일 수많은 문화재가 유실된 것은 사실이다. 하지만 아직 우리나라 곳곳에 빛나는 문화유산이 많다. 오히려 고개를 돌려보면 주변에 아주 많은데 우리가 모르고 있다는 사실에 놀랄지도 모른다. 나중에 꼭 누가 물어봐도 자랑할 수 있는 우리 겨레의 숨결이 느껴지는 곳을 찾아봐야겠다.

이러한 생각이 내가 조금 더 쓸모 있는 인간이 된 것처럼 기쁘게 해 주었다. 나라를 아끼겠다는 생각에는 이등과 일등의 구분은 없었다.

# 마음이 통하면
# 말없이 한 곳을 바라봐

in 부다페스트

가벼운 산행을 하는 마음으로 부다페스트 왕궁으로 오르고 있었다. 그 옆으로 케이블카를 탄 사람들이 우리를 내려다보았다. 그 사람들이 나를 보든 말든 케이블카가 멀어질 때까지 크게 손을 흔들어 인사했다.

뒤를 돌아보니 넓은 다뉴브 강 위로 떠다니는 배, 그 위로 펼쳐진 중세풍의 세체니 다리, 햇살에 비친 국회의사당, 그리고 열정적으로 연주하는 악사들의 모습이 오감을 만족시켜 주었다. 작은 콘서트장에 온 듯한 착각이 들었다. 어부의 요새에는 원뿔 모양의 지붕을 얹은 7개의 작은 탑이 있었다. 어부들이 적의 공격을 막았다는 전설이 내려오는 그곳에 걸터앉아 한참 동안 부다페스트의 밤을 바라보고 있었다.

음악은 청중, 연주자, 악기, 주변 환경 그리고 매 시간마다 다 다르게 들리겠지? 그 순간 나는 여행을 다니며 연주를 하고 싶다는 생각이 들었다. 이때의 강렬했던 기억을 잊지 못해 동해수문장을 시작하며 대금을 배워야겠다고 다짐했다. 지금 이 시간 부다페스트 거리 곳곳 악사들의 손끝에서 울려퍼지는 음악들이 무형의 오케스트라를 펼쳐내고 있지 않을까?

헝가리는 유태인 학살에 앞장섰던 나라다. 그래서 지금 부다페

스트의 테러박물관 건물은 감옥이었다. 웅크리고 들어가면 꽉 차는, 혹은 차렷자세만 가능한 방에서 고통스러운 고문을 받으며 정말 많은 사람들이 세상을 떠났다. 그래서 테러박물관 외벽에는 당시 희생된 이들의 사진과 추모의 촛불이 켜져 있다. 이웃 나라의 야스쿠니 신사 참배와 같은 잘못된 역사 포장과는 정반대의 모습이었다.


어제는 밤늦도록 야경을 보고 있는데, 누군가 뒤에서 부르는 소리가 들렸다. 우리를 프라하에서 봤다며, 반갑다고 갑자기 포옹을 했다.

"뭐 하는 사람들인지 궁금했는데 말을 걸지 못해서 서운했어요."

또 어떤 사람은 우리와 여행지가 비슷한지 여러 번 만났다며, 멀리서도 보이는 저 지도가 뭘까 궁금했다고 말했다. 사실은 가까이 가서 읽어 본 적도 있다면서 악수를 청했고, 그들에게 이렇게 다니는 이유를 설명해 주었다. 그제야 궁금증이 풀린 듯한 표정이었다. 먼저 길을 떠나는 한 친구가 우리 어깨를 두드리며 한 마디 던졌다.

"나도 돌아가면 우리 나라를 위해 뭔가 할 수 있는 게 있는지 찾아봐야겠어요. 고마워요."

# 진심이 담긴 포옹과 응원

in 뮌헨

뮌헨엔 하루만 머무를 예정이었다. 책에서 추천하는 몇 곳만 둘러보기로 하고 지하철 몇 정거장을 걸어가면서 주변을 감상하는데 택시들이 전부 벤츠였다.

"진짜 한국 사람?"

뒤에서 유창한 한국말이 들려와 돌아보았다. 웬 독일 할아버지가 웃고 있었다. 그리고 자기 이름이 '김정일'이라고 소개했다. 그 순간 한석봉이나 장영실이면 더 좋았을 텐데, 하는 생각이 들었다. 아무튼 한국말을 할 줄 아는 외국인 할아버지 나름의 블랙 코미디라고 웃어넘겼다.

오늘 하루 우리와 함께 다니며 안내를 해 주겠다고 했다. 할아버지는 BMW에서 30년간 일하시고 은퇴했다며, 예전에 4년 동안 정말 친한 한국 친구 '용수' 덕분에 한국말과 구수한 은어들을 배웠다고 한다.

거리를 거닐다가 마지막으로 호프 브로이 맥주집에 들렀다. 넓은 1층을 둘러보고 밖으로 나가려는데 누가 큰 소리로 우리를 불렀다.

"우와! 잠시만요. 저기 프라하에서 온 거예요? 내 친구가 얼마 전 프라하에서 런던으로 돌아갔어요. 그런데 프라하에서 한국인이 가방 뒤에 지도를 그려가지고 다니는 걸 봤대요. 너무 신기해서 말을 걸고 싶었는데 부끄러워서 망설이다가 그냥 보내 버려 정말 안타까웠다고 했거든요. 우리도 그 사람이 누구일까 궁금했는데,

바로 당신이었군요! 정말 반가워요!"

그 잘생긴 친구들은 다들 일어나서 나에게 악수를 하자며 손을 내밀었다. 그리고 우리에게 맥주를 한 잔씩 건넸다. 힘들지 않느냐며, 언제나 응원할 테니 앞으로도 건강하게 여행하라라며 인사를 했다.

길을 걷고 있으면 외국인들이 우리를 보고 "와우, 싸우쓰 코리아!!" 하고 외치는 일들이 많아졌다. 반가운 반응과 악수, 그리고 가끔 포옹을 해 주는 사람들도 생겼다. 그때마다 뭉클해지는 감정을 어떻게 표현해야 할지. 밖으로 나가니 몇 차례 더 처음 보는 외국인들이 포옹을 해 주었다. 게다가 어떤 여인은 갑자기 자신의 심장에 내 손을 가져다 대면서 한국을 응원한다며 고개 숙여 인사를 했다.

사람들과 눈인사를 나누며 걸었다. 같이 사진을 찍어도 되느냐고 묻는 사람들을 보며 할아버지도 무척 놀라워하셨다. 아무튼 그렇게 인파를 헤치고 넓은 거리로 나왔다. 그러고 나서 할아버지께 감사하다는 인사를 드리고 헤어졌다. 할아버지도 우리 덕분에 좋은 경험을 했다며 행운을 빌어 주셨다.

먼저 한국을 알아봐 주고 격려해 주는 외국인들을 만나면 너무나 행복했다. 세계 각국의 젊은 청춘들 역시도 자신의 나라를 끔찍이 사랑하고 있나 보다. 그렇기에 외국에서 한국을 알리고 있는 우리 모습에 공감을 느낀 것이 아닐까?

처음 배낭여행을 준비할 때가 생각났다. 외국인을 더 잘 환대하기 위해서 외국에서는 어떻게 하는지 경험해 보기 위해 왔었다. 그들은 아무런 거리낌 없이 우리를 환대해 주었다. 외국인이라고 힐끔힐끔 쳐다보는 불편한 일도 없었다. 그들로부터 배울 점은 더 좋은 첨단 서비스보다는 거리낌 없는 지구인 대 지구인으로서의 악수나 포옹이 아닐까 하는 생각이 들었다. 우리 형제는 지구 속에서 그들로부터 자연스럽게 배우고 있었다.


## 바람을 가른다면
## 그건 찰나였을 거야

in 인터라켄


눈에 보이는 모든 것이 절경인 스위스. 바다같이 커다란 브레엔츠 호수와 깎아지른 듯한 절벽들까지 대자연 그대로의 모습이다. 입이 다물어지지 않았다. 웬만해선 놀라지 않는데, 왜 이렇게 외국에서는 놀랄 일이 많은지.

인터라켄 동역에 도착한 우리는 지도를 따라 숙소를 찾았다. 그런데 32인실이라니! 방 한쪽 벽에 가로 8칸, 세로로 4층인 벌집 같은 침대방이었다. 우리는 침대에 짐을 올려두고 대자연을 만끽하러 나갔다. 등에는 여전히 지도티셔츠가 펄럭이고 있었다.

우선 마트에서 맥주 두 캔을 샀다. 숙소에서 지도를 보니 저 멀리 거대한 호수가 있어서 무작정 뛰쳐나왔다. 그런데 거리 어디에도 툰 호수로 가는 이정표는 없었다. 제법 멀다며 사람들은

만류했다. 우리는 괜찮다며 당당하게 그곳을 향했다.

90분은 걸은 것 같다. 아무튼 찾아가는 내내 시간 가는 줄 몰랐다. 정말 살고 싶은 초원 위의 예쁜 집들이 솟아 있었다. 넓은 잔디 정원에 돌계단, 그리고 나무들과 2층집. 아파트가 넘실대는 세계와는 차원이 달랐다. 마을을 지나 철길로 만들어진 교량을 건넜다. 이윽고 끝없이 넓은 툰 호수에 도착했다. 물을 좋아하는 나는 생각할 것도 없이 일단 뛰어들었다.

알프스의 호수는 여름이지만 추웠다. 그렇게 한참 수영을 하며 자연을 만끽했다. 마구 소리도 지르고 물장구도 치면서 온갖 스트레스를 날려 버렸다. 너무 기분이 좋아서 계속 웃다가 짐을 챙겼다. 그때 물 위에 떠다니는 나무막대기를 발견했다. 지팡이 같은데 그 녀석을 주워서 숙소로 들고 왔다.


"5, 4, 3, 2, 1. Go~!"

오늘은 내가 이 여행을 준비하며 꾸었던 꿈 하나를 이룬 날이다. 환상적인 번지점프! 오후 4시쯤 차를 타고 다른 여행자들이 모여 있는 곳으로 떠났다. 인터라켄의 번지점프 '알핀 러시'는 호수 위에서 뛰어내리는 방식이었다. 호수를 둘러싼 두 개의 산꼭대기에 케이블카가 연결되어 있었다. 호수 정중앙에 위치할 때까지 케이블카를 타고 가서, 흔들리는 허공에서 131m를 점프. 안전수칙을 듣고 설레는 마음으로 케이블카에 올랐다. 심장이 울리도록 쿵쿵거리는 음악 소리를 들으며, 함께 타고 있는 8명은 다들 흥분하기 시작하면서 소리를 질러댔다. 표효했다고 해야 하나? 곧 지구를 향해 떨어져야 하는 우리 8명은 정신을 놓았다.

한 친구가 케이블카 난간에 섰다. 모두 외쳤다. "Go~!" 하는 소리에 점프! 그 다음은 내 차례. 나 역시 "Go~!"를 외치는 이들을 뒤로 한 채 온 힘을 다해 앞으로, 그리고 약간 위로 뛰었다.

잠시 후에는 그렇게 얻었던 추진력이 점점 약해지는 게 느껴졌다. 더 이상 위로도 앞으로도 가지 않고 허공에 떠있는 찰나. 점점 시야가 한참 아래 호수로 향했다. 그 상태에서 몸이 기울고 있었다. 두 발에 묶인 줄은 튕겨 올라오기 전까지는 나를 잡아당긴다는 느낌을 주지 않았다. 그렇게 머리는 아래를 향했고, 바람마저 가르는 자유로운 수직 낙하가 시작되었다.

양 옆으로 길게 뻗은 두 팔과 머리카락은 하늘을 향해 엄청나게 흔들렸다. 아무런 보호 장치도 없이 세상에서 가장 빠르게 시간이 흘렀다. 호수가 순식간에 눈앞으로 다가오면서 형태도 없이 색깔만 어렴풋이 보이던 주변 세상이 다시 보이기 시작했다. 반동이 시작되면서 다시 하늘로 튀어올랐다. 저 하늘 높이 손톱만 한 빨간색 케이블카가 둥둥 떠 있었다. 위에서 볼 때는 눈에 들어오지 않던 주변의 푸르른 경관들도 마음에 담았다.

다시 호수로 떨어질 때쯤, 온 힘을 다해 소리를 질렀다. 몇 차례 반동하지 않았는데도 튀어오르는 높이가 급격히 줄어들었고 호수 보트 위로 내려왔다. 나는 바로 호수에 뛰어들었다. 발에 착착 감기는 호수의 풀들을 뿌리치며 떠다녔다. 그렇게 하늘을 보고 떠 있는데 또 다른 사람이 뛰어내리고 있었다. 보트를 운전하는 이들은 약간 어이없다는 표정으로 말했다.

"한국 사람은 수영을 못하는 줄 알았어요."

"한국 사람은 대부분 나보다 수영을 잘 하지요."

다음에 이곳을 찾는 사람들도 수영을 잘 해야 할 텐데. 차가운

호수, 시원한 바람, 그리고 옆에서 풀을 뜯고 있는 소의 모습을
고이 접어 시간의 책갈피에 끼워 두었다.

# 줄리엣은 잠 못 이루고

in 베로나

베로나에 도착한 날, 우리가 구한 숙소는 도저히 걸어갈 수 없는
거리에 있었다. 터미널에서 물어 물어 버스를 타고 40분가량 강
을 따라 달려가 내린 후에도 골목길을 꽤 걸어 숙소를 찾기 시작
했다. 그 대신 우리는 일반 여행객들은 쉽게 볼 수 없는 일상의

모습을 접할 수 있었다.

2시쯤 도착한다고 연락을 남겼는데 조금 빨리 도착하는 바람에 주인이 자리를 비워 1층 카페에 양해를 구하러 들어갔다. 아차, 영어를 이해하지 못하는 이탈리아인 카페 주인과 이탈리아어를 못하는 우리는 '뭐 하러 왔냐' 는 질문에 '위층에 자러 왔는데요' 라는 표현을 하기 위해 온몸을 사용해야만 했다. 한참 수신호를 주고받은 후에야 주인아주머니는 고개를 끄덕였다. 알고 보니 그곳은 전문 호스텔이 아니라 민박집이었다.

전화를 받고 도착한 이탈리아 아주머니는 우리를 반갑게 맞아 주었다. 다행히 영어를 하는 분이었다. 짐을 올려두고 저녁에 오페라를 보고 오겠다고 했더니 돌아오는 차가 없을 거라면서 맥도날드 앞 공중전화로 연락하라고 했다. 끝나는 시간을 알고 있으니 주인아저씨와 함께 우리를 데리러 오겠다는 것이다. 괜찮다고 걸어올 수 있다고 했지만 위험하다고 말리셨다. 그렇다면 차비만큼은 숙박비에 포함시켜 달라고 부탁했다. 그 마음이 정말 감사했다.


로미오와 줄리엣의 생가가 있는 베로나. 물론 그들은 실존인물이 아니지만 집과 동상을 만들어 두었다. 그 집으로 들어가는 길 하얀 담벼락에는 세상의 모든 사랑이 적혀 있는 듯 수많은 하트와 이름들이 적혀 있었다. 집 앞에 서 있는 줄리엣의 오른쪽 가슴이 유난히 빛났다. 오른쪽 가슴에 손을 얹고 소원을 빌면 영원한 사랑이 찾아온다는 전설이 있다고 한다. 사랑의 여신을 만나기 위해 오늘도 지구인들의 발길이 이어지고 있다.

아레나(Arena)는 원형경기장을 뜻하는 말이다. 베로나에 있는 것은 이탈리아에서 세 번째로 큰 로마시대 경기장이라고 한다. 기원후 30년에 만들어졌다니, 2천 년 전에 이런 건축물을 만들었다는 건가. 가장 큰 곳은 로마의 콜로세움이다.

먼 옛날에는 아레나에서 검투 경기가 열렸는데, 지금은 6월에서 8월까지 아이다, 투란도트, 카르멘 등의 오페라를 공연하고 있다. 선착순으로 입장하는 C,D섹터(자리)를 23유로(35,000원)를 주고 티켓을 구입했다. 해가 질 때가 되어야 입장이 가능하다고 해서 조금 더 둘러보고 왔다.

드디어 입장이 시작되었다. 지도티셔츠를 들고 들어갈 수 없다고 막아섰다. 티셔츠는 따로 접어서 들고 갈 수 있지만, 지팡이는

안 된다니. 잘 맡아 달라고 신신당부를 하면서도 영어가 안 되는
그가 약간 불안했다.

거대한 역사의 유물에 설치된 오페라 세트장. 안타깝게도 이탈
리아어를 이해할 수는 없지만 오페라를 보는 내내 조명과 음악
과 연기가 한데 어우러져 환상적인 하모니를 만들어 내고 있었
다. 루치아노 파바로티를 대표하는 명곡 '공주는 잠 못 이루고'
를 다른 성악가가 불렀다. 이 노래는 영국의 오디션 TV 프로그
램에서 우승하여 순식간에 전 세계적인 스타덤에 오른 폴포츠
씨가 불러서 더 유명해졌다.

넓은 아레나를 가득 메우는 풍부한 성량과 음악적 감동으로
온몸에 퍼져 나가는 짜릿한 전율을 감출 수가 없었다. 나뿐만 아니

라 모든 관객들이 일어나서 환호성과 함께 박수를 치며 브라보
를 외쳤다. 부들부들 몸이 떨리는 그런 경험은 처음이었다.

모두 기립 박수를 보내면서 오페라는 막을 내렸다. 정말이지 겨
우 가슴을 진정시키고 밖으로 나왔다. 그런데 막대기는 어디에
도 없었다. 주변을 샅샅이 뒤졌으나 30여 분 후에 근처 쓰레기장
에 놓여 있는 지팡이를 발견하고는 얼마나 마음이 아프던지.

# 영어를 못해도 우리는 당당해

in 베네치아

바다 위의 철도를 달리며 베네치아의 본섬으로 향하고 있었다. 창밖으로는 하늘과 맞닿은 바다와 배들이 보였다. 도착해 수상 버스에 올라 건물과 건물 사이의 수로를 헤쳐 나갔다. 자전거를 타는 정도의 속도였으나 바람도 시원하고, 눈이 닿는 곳마다 예술이 가득했다. 곤돌라를 타고 한적하게 데이트를 즐기는 연인들이 있었다.

수상 버스에서 내려 산마르코 광장에 도착했다. 나폴레옹은 이곳을 세계에서 가장 아름다운 홀이라고 했다. 베네치아 석호 선착장에 서서 곤돌라가 정박해 있는 바다를 바라보고 있었다. 건너편에 바다 위에 떠 있는 수도원 건물이 보였다. 비가 조금씩 내려 지도티셔츠를 보호하려고 선착장 뒤에 있는 두칼레 궁전 밑에 서 있었다.

그러자 우리가 들고 있는 지도티셔츠에 관심을 갖고 물어보기 시작했다. 그렇게 사람들은 우리 이야기를 들어 주었다. 나는 그 누구도 대신 살아 줄 수 없는 나만의 지구에서 소박하게나마 꿈을 펼쳐내고 있었다.

이등 애벌레는 조용히 꿈을 음미하고 있었다. 무의식속의 '나' 조차도 이번 여행이 만족스러운지 이전까지 나에게 퍼붓던 잔소리를 멈추고 노래를 흥얼거렸다. 비가 흩뿌리듯 오다가 그쳤는데, 행운의 쌍무지개가 떠 있었다.

Please Reme
(East Sea & Dok do)
Chiaa
Ruttia
North KOREA
East Sea
Dokdo
Xn from South K
South KOREA likes
We should fix
wrong things
Japan
uth KOREA.
the name of
ea.
name of Island.
to change the name of
ea & Dok do.
emember...
& Dok do..
South KOREA.

베네치아는 골목골목 모든 공간이 물과 어우러져 전 세계 어디에서도 찾아볼 수 없는 특유의 아름다움을 갖고 있다. 문을 열면 바로 찰랑거리는 물이 있다니. 현실적으로 이해가 잘 안 된다. 리알토 다리 사이로 흐르는 베네치아의 바다는 마치 지금 내가 있는 이곳이 하늘 위의 도시라는 느낌을 주었다. 대운하를 오가는 함선을 비롯한 큰 배들이 지나다닐 수 있도록 아치형으로 생긴 리알토 다리는 1551년에 만들어졌다고 한다.

시간이 멈춘 듯 아무런 이유 없이 행복했다. 그런데 외국인인 나에게 이런 감정을 느끼게 해 주는 것은 베네치아의 지리적 위치가 가지는 분위기일 수도, 그렇지 않을 수도 있었다.

여행하는 내내 특이한 점이 있었다. 유럽을 떠돌아다니면서 우리를 여행객으로 대한다는 느낌을 거의 받지 못했다. 단 한 사람도 손짓을 하며 무언가를 사라고 하거나, 식당에서 주문하는데 불편하거나, 물건을 사는데 바가지를 쓰는 것 같은 기분이 든 적이 없었다. 그들은 지구 어디에서 누가 오든지 자부심을 갖고 있는 듯했다.

게다가 베네치아에서는 영어가 안 된다고 위축되거나 술렁이지 않았다. 상대가 이해하건 못하건 이탈리아어로 이야기했다. 그리고 종이에 숫자를 적어 금액을 알려 주었다.

하지만 우리나라도 무시할 수 없다. 이미 지구상에서 멸종한 감정이 우리에겐 아직 살아 있기 때문이다. 밥을 팍팍 퍼주는 시골 인심. 그것이 우리의 최고 매력이다. 나보다 너를 챙기고, 네가 행복하면 나도 기분이 좋아지는 인심, 한국에만 있는 사람의 마음. 어디에서 무엇을 하며 살든지 그런 마음을 잊지 않는다면, 외국인에 대한 환대뿐만 아니라 사람 살기에도 더 나은 곳이 되지 않을까.

# 커피 같은
# 혹은 맨홀 뚜껑 같은



저 멀리 베키오 다리가 보인다.

르네상스 때부터 20세기까지 이탈리아의 수도 역할을 해 온 피렌체에서 가장 오래된 다리다. 1345년에 건설되어 당시에는 푸줏간, 대장간, 그리고 가죽을 처리하는 곳이었다. 그런데 1593년부터 보석가게, 선물가게들이 들어섰다.

3개의 아치가 붙어 있는 베키오 다리 정중앙에는 다리 난간에서 아르노 강의 경치를 바라볼 수 있게 되어 있다. 그 근처에 있는 시뇨리아 광장은 다양한 분위기가 뒤섞여 있다. 피렌체 공화국의 정치·행정의 중심지였던 베키오 궁전, 그리고 우피치 궁전, 시뇨리아 궁전이 모여 있다. 그 중 베키오 궁전은 현재 피렌체 시청사로 사용되고 있다.

그 앞에 다비드상이 있다. 이탈리아의 대표 예술가 미켈란젤로가 26세부터 시작해 3년 만에 완성한 이 걸작은 독재자를 몰아내고 시민들이 공화국을 되찾은 승리를 기념하기 위해 공화국 청사 입구로 옮겨졌다고 한다. 원본은 청사 내부에 있다.

바로 옆에는 란치의 회랑이 있다. 예술가들을 후원한 메디치 가문이 만들었다는데, 여러 번 시민들에 의해 축출되었다가 다시 복귀하면서 그들에 대한 경고의 의미로 동상들을 세워 두었단다. '메두사의 머리를 벤 페르세우스', '메디치의 사자들' 그리고 '헤라클레스와 카쿠스' 등과 같은 투쟁적인 작품이 전시되어

있다. 피렌체는 당대 천재들이 사랑했던 도시라고 해서 그런지 그 명성이 고스란히 거리 곳곳에 담겨 있었다.


베키오 다리에 다시 들렀는데, 맨홀 뚜껑에 천을 대고 그림을 그리는 사람이 있었다. 남자친구로 보이는 이와 함께. 작품은 거의 완성되어 가고 있었고, 끝나면 어떻게 될지 궁금했다. 사람들이 다니는 길을 막지 않으려고 물러서서 보고 있었다.

그런데 다리 한가운데 아무 말 없이 그냥 서 있으니 우리가 시위를 하는 줄 알았나 보다. 갑자기 우리 앞으로 다들 모여서 힘내라며 격려해 주기 시작했다. 혹시 도와줄 것은 없냐고 물어보더니, 서명을 해 줄 테니 서명지를 달라고 했다. 설명을 한 번 해 주니까 사진을 찍어서 블로그에 올려 주겠다며 너나 할 것 없이 우리 사진을 찍었다. 그렇게 시간을 보내고 나니 맨홀 뚜껑을 그리던 예술가는 이미 떠나고 없었다. 조금 더 서서 이야기를 나누다가 사람들의 응원을 뒤로 한 채 미켈란젤로 언덕을 향해 이동하기 시작했다.

길을 걷다가 아르노 강을 배경으로 또 다른 이들에게 설명을 해 주게 되었다. 그런데 어디서 나타났는지 아까 그림을 그리던 두 사람이 옆에 와서 듣고 있었다. 서로 왜 그러고 있었는지 궁금했던 모양이다. 우리 활동에 대한 이야기를 다 듣고, 그녀는 자신을 예술작가라고 소개했다. 아버지도 미술가이고, 남자친구는 사진작가라고 했다. 본인은 자신만의 예술세계를 구축해 나가기 위해 여행 중이라며 도시마다 맨홀 뚜껑에 대고 그림을 그리고 있다고 한다. 자신이 원하는 것에 도전하고 있는 모습이 무척 멋져 보였다.

아이스 아메리카노와 뜨거운 아메리카노 두 잔을 밤새 책상 위에 올려놓고 아침에 일어나 보니 둘 다 같은 온도가 되어 있다. 평균으로 모이고, 평범하게. 그렇게 자연스럽게. 우리는 창의적인 것을 강조하면서도 중간만 하자, 튀면 안 된다, 남들 하는 만큼만 하자며 실상은 평균을 향해 가고 있는 듯하다. 나는 학생이기 때문에 그 울타리 안에서 최선을 다했던 것이지만, 실제로 사회에서 자신의 길을 걷는 사람을 만나서 정말 반가웠다. 큰 용기와 자신에 대한 믿음이 있어야겠지?

경사가 완만한 도로를 걷다 보니 미켈란젤로 언덕이 나타났다. 그리고 뒤를 돌아보니 그리 크지 않은 피렌체 전경이 한눈에 들어왔다. 계단에는 의외로 한국 사람들이 많이 앉아 있었다. 터키 사람들도 우리를 보고 형제의 나라라며 포옹을 해 주었다. 멀리 아르노 강 주변을 따라 빛을 내뿜는 가로등과 베키오 궁전이 피렌체의 야경을 가득 채우고 있었다.


## 19개월이 지난 후에 소원이 이루어졌어

in 로마


덜컹거리는 기차 밖으로 비가 쏟아져 내리고 있었다. 귀가 닳도록 들었던 신들의 도시. 수많은 유적과 신화를 품고 있는, 과거가 현재까지 이어져 살아 숨쉬는 곳. 우리는 지금 로마를 향해

가고 있었다. 신기하게도 금방 비가 그쳤고, 활짝 개인 날씨 덕분에 기분이 좋아졌다.

로마 테르미니 역에 도착해서 며칠을 머무르게 될 호스텔을 찾아 헤매기 시작했다. 그런데 초대형 전시관에 온 것마냥 정신을 차릴 수가 없었다. 스위스는 보이는 곳마다 대자연이었다면, 로마는 눈이 닿는 곳마다 유적지였다. 영화나 사진을 통해 꽤 익숙한데도, 실제로 이곳에 있는 문화유산들이 마냥 신기하기만 했다.

고고학자로 보이는 사람들이 땅에 묻혀 있는 세월을 조심스럽게 파내어 과거를 복원하고 있었다. 포로 로마노. 바로 이 유적지의 이름이다. 공공 광장이라는 뜻인 '포럼' 이라는 말의 어원이 여기에서 생겼다고 한다.

기원전 6세기 무렵부터 300년간 로마의 정치·경제 중심지였던 이곳은 동서로 분열된 후 이민족의 약탈에 그대로 노출되었고, 원로원 의사당, 신전 등은 안타깝게도 소실되었다. 그렇게 서로마제국이 멸망한 뒤에는 그대로 방치되다가 세월이 흐르며 흙에 덮여 버렸다. 그래서 포로 로마노는 차와 사람이 다니는 길보다 한 층 밑에 펼쳐진 유적지다. 게다가 아직도 로마에는 파헤쳐지지 않은 과거가 많이 묻혀 있어 일반 가정에서도 땅을 파면 유적이 나온다는 농담도 들었다.

지도티셔츠를 들고는 입장할 수가 없었다. 따로 보관도 해 줄 수 없다고 해 관리실 뒤편 수풀에 숨겨 두었다. 과거의 로마가 펼쳐

졌다. 뼈대만 남아 있거나 약간의 흔적이 있었다. 조금 늦은 시간에 들어갔던 터라 해가 지면서 그림자가 길어지기 시작했다. 빠른 걸음으로 구석구석을 돌아보면서 엄청난 역사 유적에 대한 경외심보다는 과거의 무상함에 허무한 감정이 더 컸다.

"시간이 다 되었으니 나가세요" 하더니 우리는 입구에 숨겨 둔 지도티셔츠를 찾으러 갈 시간도 없이 바로 출구로 떠밀려 나왔다. 사람들이 많아서 우리 말은 들을 생각도 안 하고 문을 잠그더니 사라졌다. 담을 뛰어넘을 수도 없고, 한참을 입구 밖에서 혹시나 하고 사람이 오기를 기다렸다. 운이 좋았다. 우리에게 다가온 경비아저씨에게 가방을 놔두고 왔다며 들어가게 해 달라고 부탁했더니 문을 열어 주었다.

관람객이 아무도 없는 드넓은 포로 로마노를 다시 걸었다. 큰 길을 따라 걷다가 반대쪽 입구에 도착했다. 언제 다시 올 수 있을까 하는 마음에 뒤를 돌아보았다. 그곳에는 기다란 그림자에 그늘져 아무도 찾아 주지 않는 깊은 밤 속으로 서서히 빠져드는 과거의 영광이 있었다. 처량했다.

콜로세움은 이미 영화에서 수차례 본 원형경기장이다. 내부는 이미 세월과 함께 본 모습을 잃어버렸지만, 얼핏 보기에도 과거의 모습이 상상이 갔다. 베로나의 아레나에서 오페라를 본 것이 얼마나 행운이었는지 새삼 느낄 수 있었다. 그 지하에서 싸워야만 하는 운명에 묶어 버렸던, 타인의 칼에 세상을 떠나야 했던 이들의 한 맺힌 고함소리가 들리는 듯했다. 우리가 서 있는 곳에서는 죽어 가던 그들을 지켜보며 즐기던 사람들이 있었겠지?

모퉁이를 도는데 트레비 분수가 보였다. 포세이돈과 그 옆에는 건강·풍요의 여신이, 그 아래쪽에는 그의 아들인 트리톤이 고동을 불고 있다. 사람들은 분수 앞에 빼곡하게 서 있거나 앉아 있었다. 트리톤의 고동소리에 맞춰 물살을 가르는 고분고분한 말, 또 저항하는 말 두 마리는 각각 파도를 상징했다.

우리는 동전을 던지는 사람들을 신기하게 바라보고 있었다. 경찰이 와서 잠시 우리 지도티셔츠를 쳐다보더니 돌아갔다. 그때 누군가 우리를 반갑게 불렀다. 이게 누구야? 베네치아에서 만났던

영은이가 서 있었다. 알고 보니 피렌체에서도 같은 날 같은 숙소
에 머물렀었다.

우리는 그제야 로마에 3대 젤라토가 있다는 것을 알았다. 우리도
모르는 사이에 어제 하나를 먹었다. 오늘 남은 시간 동안 두 개를
접수하기로 하고, 출발하기 전에 우리도 동전을 던지기 위해 사
람들을 비집고 분수 가까이에 갔다. 첫 번째 동전은 로마에 다시
오게 해 달라고 기원하는 거라고 했다. 그래서 나는 100원을 던
지며 소원을 빌었다. 다시 한 번 이곳에 오게 해 달라고….

# 순간이 잠들어 있는 성지

in 바티칸

세계에서 가장 작은 독립국. 그렇지만 세계에서 가장 큰 박물관. 가톨릭을 공인한 로마황제 콘스탄티누스가 예수의 첫 번째 제자인 성 베드로의 무덤 위에 성 베드로 대성당을 세웠다. 그곳에 생겨난 바티칸 시티. 900여 명이 살고 있다고 한다.

이곳은 로마 주교, 즉 교황이 통치하는 신권 국가로 가톨릭교회의 상징이자 중심지다. 길에서 만난 한국 사람들마다 바티칸에 꼭 가 보라고 했다. 지팡이는 반입금지라서 티셔츠만 가방에 묶어 갔다.

바티칸 시티는 세계적인 문화유산의 보고다. 성 베드로 대성당, 시스티나 예배당에는 미켈란젤로, 라파엘로, 레오나르도 다빈치, 산드로 보티첼리, 베르니니 등 르네상스 예술의 선구자들의 작품이 넘쳐흐르고 있었다.

그 중 우리에게 익숙한 '아테네 학당'을 남긴 라파엘로. 그는 천재에다 준수한 외모로 당대의 주목을 받았으나 미켈란젤로와 비교당하는 것을 싫어했다. 그런데 시스티나 예배당의 천장화를 그리는 미켈란젤로를 보고는 그를 인정하고 자신의 그림 '아테네 학당'에 얼굴을 그려 넣었다는 일화가 있다. 미켈란젤로가 얼마나 대단했으면 당대의 천재 예술가의 인정을 받았을까.

라파엘로도 대단한 작품을 많이 남겼으나 '그리스도의 변용'을 그리던 중 37세 생일에 요절했다니 하늘의 일은 알 수가 없다. 원본은 사후에 그의 제자가 완성했으며, 성 베드로 대성당 안에는 새끼

손톱만한 타일을 박아서 만든 거대한 모자이크화가 있다.

미켈란젤로의 아버지 루도비코는 아들이 직물조합에서 일할 수 있도록 문법과 회계를 배우길 바랐단다. 그러나 열세 살 소년은 석공예와 그림에 빠져 있었다. 결국 피렌체의 도메니코 기를란다요 공방에 도제로 들어가게 되었다. 그는 3년간 거의 막노동을 하며 화가로서 갖춰야 할 기초를 쌓게 되었다. 열다섯 살이 되었을 때 메디치 가문의 로렌츠 데 메디치는 그를 불러들여 아들처럼 키웠다.

그곳에서 당대의 위대한 천재들과 만나게 되었다. 이때 그가 얻은 경험이 더욱 그의 천재적인 재능을 발전시키지 않았을까 싶다. 멘토의 중요성을 느낄 수 있다.

그는 스물넷에 '피에타'를 조각했고, 원본은 성 베드로 대성당 입구에 들어가자마자 오른편에 있다. 그런데 피에타에는 유일하게 미켈란젤로의 이름이 기록되어 있다. 그는 자신을 알아주지 않는 사람들에게 이름을 알리기 위해서 그렇게 했다고 한다. "MICHEL. AGELVS. BONAROTVS. FLORENT. FACIEBAT (피렌체인 부오나로티 제작)"이라고 성모 마리아가 두른 띠에 자신의 이름을 적었다. 그 후 명예에 눈이 멀어 큰 실수를 했다고 자책하고는 죽을 때까지 다른 작품에는 이름을 새기지 않았다고 한다. 고개를 젖히고 4년간 천장에 그림을 그려 눈과 목에 이상이 생긴 미켈란젤로. 그때 그의 나이 서른다섯. 그로 인해 무릎에 물이 고이고 등도 굽었다고 한다. 그의 작품 중 가장 널리 알려진 것이 바로 이 시스티나 예배당의 천장화다. 라파엘로는 이 그림을 보고 나서 아테네 학당으로 직행했다고 한다. 그렇게 혼자서 그린 천장화는 세로 41.2m, 가로 13.2m. E.T에서 손가락을 맞대

며 빛이 나던 장면도 이 천장화의 일부분인 '천지창조'에서 소재
를 얻었다고 한다.

그러나 미켈란젤로는 스스로를 조각가라고 했다. 다른 작품으로
는 다비드상, 모세상, 성 베드로 대성당의 원형 돔, 시스티나 예
배당의 '최후의 심판' 등이 있다. 하나같이 독보적이었다. 그들
이 살아 있던 과거의 순간에 만들어 낸 작품들이 지금 사람들에
게 꿈을 건네 주고 있다는 것이 신기하기만 했다.

# 가우디, 바르셀로나의 혼



분명 번화가를 가려 했는데 걷다 보니 해변이었다. 말로만 듣던 지중해에 발이라도 담가 보려고 갔는데 누드 비치다. 사방에 눈을 둘 곳이 없어 동생 시현이와 다시 도로변으로 나와 버렸다. 바르셀로네타 해변을 따라 한참을 걷다 보니 런던의 넬슨 탑과 비슷한 모양의 콜럼버스 동상이 있었다. 그곳을 시작점으로 번화가인 람브라스 거리가 펼쳐졌다.

길 양 옆에 있는 야외 식당, 예술가들의 작품을 보며 걸어갔다. 동해수문장 활동을 하며 다시 이곳에서 스페인 친구들과 함께 동해를 외치게 될 줄은 꿈에도 상상해 본 적이 없다.

막 따온 듯한 열대 과일, 신선한 야채, 견과류 그리고 고기, 어패류까지 파는 '라 보케리아' 시장으로 슬그머니 들어갔다. 파인애플을 너무 좋아해서 3대 젤라토를 모두 파인애플로 먹은 시현이는 이곳에서도 파인애플 앞에 멈춰섰다. 가격도 저렴해서 한 바퀴 둘러보고는 동생의 소원을 들어 주었다.

더운 여름날, 하루 종일 걸으며 힘이 다 빠졌지만 조금 더 걸어서 가죽제품 파는 가게로 들어갔다. 다이어리와 만년필이 정말 예쁜데 비싸서 눈요기만 해야 했다. 지도티셔츠가 뭐냐고 물어보는 직원에게 열심히 설명했지만, 스페인어를 못하는 우리와 영어를 모르는 그들 사이에서는 웃음만이 흘렀다. 겨우 이해를 시키고 가게를 나오는 길에 지구본이 있길래 기분 좋게 우리나라를 향해 뱅그르르 돌려 보았다. 'Sea of Japan' 이었다.

PRACTICA LA PAPELEROTERAPIA:
TIRA TU BASURA A LA PAPELERA.
TE SENTIRÁS MEJOR.

"우리가 지금 건축사 칭호를 천재에게 주는 것인지, 아니면 미친 놈에게 주는 것인지 모르겠다."

바르셀로나의 영혼, 건축의 성자인 가우디가 졸업할 때 학장인 에리아스토헨트가 남긴 말이다. 가우디는 그림을 그리지도 않았고, 음악을 만들거나 연주하지도 않았다. 그는 건축물을 통해

보는 이에게 감명을 주었다. '카사 바트요', '카사 밀라', '구엘 공원', '구엘 별장' 그리고 '사그라다 파밀리아 대성당'은 르네상스 대표적 인물들의 작품들과 비교해도 손색이 없다.

그런데 가우디는 1926년 전차 사고로 사망했다. 행색이 너무 초라해서 아무도 그를 알아보지 못했다. 얼마나 어이가 없는 일인지. 그가 남긴 마지막 작품 '사그라다 파밀리아 대성당'은 아직도 건축이 끝나지 않았으며, 교황청은 성자만 묻힌다는 성당 지하에 그의 유해를 봉인했다.

가우디만의 몽글몽글한 느낌은 우리 여행의 후반기를 더욱 포근하게 만들어 주었다. 가우디, 바르셀로나의 혼은 여전히 '사그라다 파밀리아'를 짓고 있다. '톱으로 자른 산'이라는 별명을 가진 몬세라트는 바르셀로나에서 한 시간 정도면 갈 수 있다. 가우디

가 '사그라다 파밀리아 대성당'을 지을 때 이 산으로부터 영감을 얻었다고 전해진다. 그래서 보고 있으면 비슷한 느낌이 든다. 해발 3,000m 위에 펼쳐진 마법 같은 산의 모습.

마냥 발길 닿는 대로 목적지 없이 걸어다녔다. 그러다가 어디선가 들려오는 소리에 걸음을 멈춰섰다. 흔하게 마주치는 거리의 음악가인 듯한데, 예사롭지 않은 깊이 있는 음악에 흠뻑 빠져들어 소리가 나는 곳으로 찾아갔다. 그는 비발비의 사계 겨울부터 웬만한 오케스트라 음악을 연주하며 우리 정신을 쏙 빼놓았다. 파이프 오르간보다도 더 풍부한 아코디언 연주에 감동을 받으며 한 시간쯤 듣고 서 있다가 그에게 4유로를 건넸다.


# 인연은 다시 이어진다

 in 파리


파리에서 하루를 보내고 런던으로 넘어가야 했다. 마드리드 역에서 14시간 동안 기차를 타고 다시 파리로 왔다. '니하오, 곤니찌와'를 듣고는 지도티셔츠에 대해서 생각하기 시작했는데, 다시 에펠탑에 들르지 않으면 괜히 아쉬울 것 같았다.

기차 화장실에서 대충 씻고 나서 에펠탑 앞으로 향했다. 가방을 메고 계속 걸으면서 몸은 피곤했지만 마음은 들떴다. 노트르담 대성당, 루브르 박물관, 일본 대사관 앞을 지나며 여정의 처음 때와는 전혀 다른 관점과 생각을 갖고 있는 나를 발견했다.

우리 눈에 저 멀리서 펄럭이는 태극기가 보였다. 뭔가 싶어서 마구 뛰어갔다. 공교롭게도 일요일이라 문을 닫혀 있던 프랑스의 한국문화원. 그 안에서 한국 문화를 외국인들에게 어떻게 알리고 있을지 궁금했다. 펄럭이는 태극기 앞에서 다시는 오지 못할 문화원 앞에서 사진이라도 남기며 속상한 마음을 추슬러야 했다.

그런데 동해수문장 활동을 할 때 주 프랑스 한국문화원 원장님이 우리를 가족처럼 챙겨 주시고, 또 서명지를 발송할 때까지 이곳을 거점으로 삼고 집처럼 머무르게 될 줄이야.

Please Remember!
East sea & Dokdo!
East sea
Dokdo
Please Remember Eastsea & Dokdo
Please Remember :)
East Sea
Dokdo
KOREA

이전에 왔을 때는 폭염주의보가 내렸었는데, 두 달 만에 찾아온 파리는 무척 추웠다. 스페인에서 42도까지 치솟았으니 더 춥게만 느껴졌다.

오늘은 기차역에서 노숙을 하기로 하고 자리를 잡고 누웠는데, 계속 자리를 옮겨 달라고 하여 거의 잠을 자지 못했다. 한참을 한 자리에 앉아 에펠탑의 야경을 보다가 막차를 타고 왔기 때문에 더 이상 다른 곳으로 갈 수도 없었다.

기어이 기차역의 문을 닫아야 한다며 우리에게 밖으로 나가라고 했다. 문 밖에는 바람이 꽤 불고 있었고 서둘러 기차역 건물 외벽을 따라 걸었다. 이미 새벽이라 도로에는 사람이 없었고, 가로등에 비친 벽에 손바닥 세 뼘 정도 튀어나온 기둥이 두 개 보였다. 그 사이에서 우리는 바닥에 앉아 간신히 바람을 막으며 뜬눈으로 밤을 지새웠다. 벌벌 떨면서, 웅크리고 선잠을 자면서 지난 여행의 기억들이 떠올랐다.


내가 여행을 떠나야 했던 이유에 대한 해답이 조금이나마 정리되어 갔다. 사실 너무 추워서 잠을 잘 수가 없었다. 가로등 불빛에 의존해 주변의 벽돌 수를 헤아리며 앉아 있던 나는 한 가지 확실한 결론을 내릴 수 있었다. 이등 애벌레라고 할지라도 '나 자신'과 대화를 나누면 꿈과 행복이 생겨난다는 것 말이다. 이 생각이 진짜일지, 혹시 나만의 착각이 아닐지를 알아보기 위해서는 나를 걸고 대학생활 내내 실험을 감행해야만 한다. 만일 나 같은 이등 애벌레도 나비가 될 수 있다면, 우리나라는 나비의 본고장이 될지도 모른다.

# 곁에 있어 줘서 고마워

in 런던

새벽까지 벌벌 떨다가 유로라인 버스를 탔다. 환승을 하기 위해 브뤼셀에 들렀다가 런던으로 넘어왔다. 광복절이었다. 호스텔을 찾아가 짐을 맡겨두고 간단히 씻고 나왔다.

유종의 미를 거두고 싶었다. 그렇게 동생과 나는 우리가 정말 즐겼고, 또 사랑하는 동해와 독도에 대한 홍보의 끝을 바라보고 있었다. 마무리를 확실하게 할 겸, 세계지도를 구입해서 외국인들에게 잘못된 부분을 설명하기로 했다. 지도마다 'Sea of Japan'이라고 표시되어 있었다.

우리는 넬슨 탑이 있는 트라팔가 광장으로 향했다. 경찰이 다가왔다.

"여기 트라팔가 광장에서는 활동하면 안 됩니다."

어떻게 할까 고민하는 우리에게 다시 말을 건넸다.

"그런데 내셔널 갤러리 앞에서는 괜찮습니다."

그리고 우리를 데리고 가서 바닥에 그어진 선을 넘지만 않으면 된다고 가르쳐 주었다. 수많은 인파가 오가고 있었다. 사람들은 쉴 새 없이 우리에게 무슨 내용인지 물어봤고, 설명을 듣고 사진을 찍어갔다. 물론 이웃 나라 사람들은 인상을 찌푸리면서 지나갔다. 어떤 젊은 한국 사람은 왜 여행을 즐기지 않고 이런 활동을 하느냐며 돈과 시간이 아깝다고, 한심하다는 투로 말을 하기도 했다.

그러나 대다수의 사람들은 응원해 주었다. 7시간 동안 꼼짝도

하지 않고 그 자리에 서 있었다. 다리가 땅에 박혀 버리는 줄 알았다. 대단한 것을 하는 것도 아닌데 누구에게 기념 사진을 찍어 달라고 말하기도 우스웠다. 딱 한 번 지나가던 남학생이 음료수를 건네며 사진을 찍어 준다기에 다행히 몇 장을 남길 수 있었다. 그리고 그때까지만 해도 1년 반 뒤 동해수문장 활동을 하며 다시 여기, 똑같은 자리에 서서 사람들에게 우리나라를 알리게 될 줄은 꿈에도 생각지 못했다.


"우리 조금만 굶고 런던에서 마지막 날 밤 와인 한잔 하자."
이렇게 동생과 다짐하며 시작했었다. 이미 10주 전이다. 벌써 유럽 여행은 끝났고, 마지막 밤의 그림자 아래 서 있었다. 약속한

대로 타워브리지 앞 마트에서 와인을 한 병 샀다. 또 끝까지 쓰지 않고 모아 둔 경비로 작으나마 부모님 선물을 샀다.

여행을 시작할 때는 생각조차 못했던 태극기, 동해, 독도. 이제는 한 몸이나 마찬가지라서 타워브리지 앞에서 마지막 이별사진을 찍고 있으니 기분이 묘했다. 여행 초기에는 그냥 와인과 함께 끝낼 거라고만 생각했는데, 지금 우리 곁에는 심장 속에 존재하는 동해 바다와 독도가 있었다. 사람 사는 일은 정말 예상할 수가 없다.

여행길에서 참으로 많은 친구들을 만났고, 한국을 설명하며 진심으로 뿌듯했다. 아무도 알아주지 않는 우리 둘만의 사명감에 우쭐하기도 했다. 처음 시작할 때는 부끄럽기도 했지만, 점점 내 인생의 주인공이 나 자신이라는 것을 직접 깨닫게 되는 소중한 시간들이었다. 인생에 있어 평생 동안 후회하지 않을 순간들을

만들었으니 오히려 고마웠다.

필리핀에서 할아버지가 나에게 건넸던 말은 "Please Remember"였다. 나 역시 그 말을 기억하기 위해 "Please Remember, East Sea&Dokdo. I'm from South Korea."라고 설명을 시작했다. 우리를 보면서 지나갔고, 혹은 대화를 나눈 사람들의 마음속에도 "Please Remember"라는 문구 정도는 남아 있지 않을까. 그리고 언젠가 미디어에서 동해바다와 독도와 관련된 기사를 보면 떠올릴지도 모른다. '그래서 그때 그 친구들이 티셔츠에 그림을 그려 가지고 여행을 다녔구나' 라고 혹시 단 한 명이라도 생각해 주지 않을까?

그런 꿈을 꾸며 집으로 돌아가는 길에 애벌레가 세 번째 허물을 벗어 냈다. 끝이 어디일까? 인천에 도착해 부산까지 가면서 지도 티셔츠를 그대로 들고 왔다. 지나가는 청년들 중에 "아, 쪽팔리게 저거 뭐야"라는 비웃음 섞인 말을 하는 이도 있었다. "이봐요, 학생. 앞이 안 보이잖아요. 좀 치워요"라는 어른도 있었다. 얼굴이 화끈거렸지만 우리는 아무 대꾸도 하지 않고 걸어갔다.

걱정하실까 봐 부모님께는 이 활동에 대해서 따로 말씀드리지 않았었다. 기차역까지 마중나와 주신 부모님은 지도티셔츠를 보시자마자 말없이 우리를 안아 주셨다.

# 한국 고유의 마음을 느껴 봐

in 후쿠오카

우리는 지금 차 내음이 은은하게 퍼지는 다실에 전통 한복을 입고 앉아 있다. 일본 후쿠오카 서남대학의 다도 동아리 학생들과 다도시연 교류 및 전시회에 참석했기 때문이다. 은은한 옥색 두루마기에 상투를 틀고 갓을 쓴 남학생들과 새색시같이 붉은 치마에 연둣빛 저고리를 입은 여학생들. 우리 여덟 명은 아름다운 한복을 입고, 일본 학생들은 그들 나름대로 다도와 어울리는 검은색 정장을 입고 있었다.


유럽 여행을 떠나기 전, 필리핀에서 귀국했을 때 외국인 할아버지의 충고와 선생님의 질문으로 혼란스러웠고, 내가 한국을 위해서 무엇을 할 수 있을지 고민하던 때였다.

이번에는 한국을 더 알아야겠다는 생각이 들었다. 나는 우리 학교 백인제 기념 도서관 박재섭 관장님(한국학부 교수)과 함께 전통 다도 동아리를 개설했다. 그리고 한 학기 동안 친구들과 일주일에 한두 번 교내 전통다도실에서 다도와 예법을 배웠다.

이벤자민 수녀님(시도무형문화재 제11호 규방다례 전수자, 다도전문 사범)께 차근차근 다도의 예법을 배워 나갔다. 언제나 치우침이 없는 중정의 마음을 가지라고 말씀하셨다. 우리는 다도를 배우는 날만큼은 잠시나마 모든 것을 내려놓고 마음의 여유를 가지려고 노력했다. 그러던 찰나 일본 교류 일정과 시연자가 정해졌

다. 그래서 여름방학 때 효찬 형은 선비 다법을, 자윤, 항아, 희은이는 생활 다법을 익히게 되었다.

그 덕분에 나는 부담없이 유럽을 다녀올 수 있었다. 그랬기에 동해와 독도를 홍보할 수 있었으니, 배려해 준 다도 멤버들과 장익준 과장님께 한없이 감사하다. 그렇게 우리는 3학년 2학기 중간고사가 끝나자마자 일본 후쿠오카로 향했고, 지금 일본의 전통 다실에 앉아 있게 된 것이다.

우리나라 다도는 무게와 부드러움을 함께 품고 있는 것 같다. 예의 바르면서 절도 있는 동작으로 상대와 교감을 나눈다. 차를 우려내는 과정은 뜨거운 물에 찻잎만 담그면 된다고 생각하기 쉽다. 하지만 전통적인 다도는 수차례 손을 움직이며 차를 우려내야 한다. 예를 들어 찻잔은 미리 뜨거운 물에 데워 놓는다든가, 우려낸 차의 농도는 아래로 갈수록 진하기 때문에 각 잔에 세 번

씩 번갈아 가며 따른다. 모르면 번거로워 보일 수 있는 절차들은 모두 상대방을 배려하는 자세였다.

일본 다도는 상당히 격식을 갖추고, 극상의 예의를 풍겼다. 무릎을 꿇고 앉아 마시고 난 후에도 두 손을 땅에 대고 가볍게 인사 겸 절을 하는 모습은 일본에서 추구하는 배려의 이미지를 그대로 보여 주었다.

일본 서남대학의 전통 다도실에서 양국의 시연이 끝난 후였다.

문현 선생님(중요무형문화재 제1호 종묘제례악 이수자 '악장')과 대금 연주자 김성태 선생님(인천시 무형문화재 제1호 대풍류 이수자)이 함께 시조창 세 곡을 공연하고, 김성태 선생님이 단소 독주로 청성곡을 연주하셨다.

40여 명 모인 관객들은 두 분의 시조창과 연주에 흠뻑 빠져 버렸다. 특히 연주가 끝난 후 김성태 선생님이 직접 대금, 소금, 단소 등을 관객들에게 시연할 수 있도록 설명해 주셨다.

김성태 선생님은 우리에게 각자 어울리는 전통악기를 추천해

주셨는데, 나에게는 대금을 권하셨다. 대금을 불어 보고 싶은 생각은 있었으나 실제로 불어 보니 묵직한 대나무의 기운이 느껴졌다. 동해수문장을 시작하면서 공연을 준비할 때 어부의 요새에서 느꼈던 감정도 있었지만, 일본에서 불어 본 대금에 대한 생각도 떠올랐었다. 그 풍부하고 강한 아름다운 한국의 소리를 알리고 싶었다.

그렇게 동해수문장을 준비하며 대금을 배우기로 했다. 그런데 우연히 김성태 선생님이 우리 학교 근처에 잠시 머물고 계셨고, 또 일본 교류가 인연이 되어 선생님을 스승님으로 모시고 대금과 소금을 배우기 시작했다. 그랬기에 동해수문장은 전통 합주를 공연할 수 있었다.

그리고 일본에서 돌아와 얼마 지나지 않았을 때였다. 108가지

꽃으로 차를 만들어 '꽃스님'으로 불리는 여여 스님과 이벤자민 수녀님과 함께 우리는 서울광장을 찾았다. G20 정상회의를 맞아 '한국 다도의 날' 행사에 참여하기 위해서였다. 외국인을 비롯하여 다양한 연령층의 한국분들이 오셔서 차를 마시고 사진을 찍어 갔다. 물론 우리가 하는 활동이 G20 정상회의에 직접적으로 보탬이 되는 것은 아니지만, 한국을 찾아온 외국인들에게 전통 다도를 보여 줄 수 있었다. 그 자체로도 행복하고 만족스러웠다.


# 네가 원하는 것에 도전해 봐

in 쿠알라룸푸르, 대한민국


서울광장에 다녀온 지 얼마 안 되어 나는 우리 학교에서 겨울방학 동안 자매 대학교를 방문하고 한국 문화를 알리는 홍보대사 일원이 되었다.

2009년 첫 해외 방문 때 들렀던 말레이시아의 MMU를 다시 가게 되었다. 일정은 학교에서 잡고, 내부 프로그램은 우리가 기획했다. 한복 패션쇼, 남학생들은 태권도, 그리고 여학생들은 K-POP 댄스 공연을 준비했다. 한 달이 조금 넘는 시간 동안 다리를 찢어 가며 태권도 연습을 했다. 태권도라기보다는 '베토벤 바이러스'를 배경음악으로 준비한 태권무였다.

다른 친구들은 방학 동안 취업 준비를 하느라 바쁘게 보내고 있었다. 하지만 나는 대학생활을 걸고 가장 행복한 이등 애벌레가

되기 위해 이 길을 선택했다. 미지근한 커피보다는 맨홀 뚜껑에 가까워지고 싶었다.


유럽 배낭여행에 대해 적은 나의 블로그 글에 댓글이 달렸다. 본인은 독도 홍보대사에서 떨어져 관심이 없어졌는데, 내가 스스로 나서서 하는 모습에 깨달은 바가 있다고 했다. 이 댓글을 보면서 뿌듯함보다는 '대학생병'에 대해 아쉬운 점이 많았다. 그래서 공연을 연습하며 틈나는 대로 블로그를 운영하기 시작했다. 능동적인 대학생활을 해 나가자는 의미로 The Leaders라는 타이틀을 붙였다. 모든 사람은 자신의 인생에 리더로서, 대한민국 홍보대사로서의 삶을 살고 있다는 의미를 담았다.

블로그를 제작하던 중 문화 교류를 위해 말레이시아로 출국했다. 2011년 초, 한국은 겨울이지만 말레이시아는 뜨거운 여름이었다. 처음으로 외국 학생들을 만나 세상에 대한 그들의 생각을 전해 들었던 곳. 형들을 따라다니던 그때와는 여러 모로 많이 달라진 나를 발견했다.

대학교 세 곳을 방문하여 공연을 보여 주었다. 그리고 믈라카에서 우리를 도와주었던 지미와 MMU에서 외국인 학생회장으로 유학생과 교환학생들의 프로세스에 대해 이야기를 나눴던 제리도 다시 만나서 인사를 나누었다.

말레이시아 친구들과 교수님, 관계자분들은 우리 태권무와 K-POP 공연을 보고 무척 좋아했다. 몇몇 학생들은 실제 한복 패션쇼에 참여했다. 관객들이 우리에게 건넨 고맙다는 인사는 고단했던 준비과정을 모두 잊게 해 주었다. 저번 방문 때와는 다르게 3박4일 머무르며 대부분 공연만 진행했다. 이때의 경험이 동해수문장의 공연을 준비할 때 큰 도움이 되었다.

일본과 말레이시아를 방문해 한국 문화를 알리면서 자부심을 느꼈다. 준비하는 동안 취업에 도움이 안 되는 것을 왜 하느냐는

질문도 받았다. 마치 유럽 여행을 하면서 왜 지도티셔츠를 들고
다니느냐는 물음과 같았다. 난 그때 행복했고, 그 힘은 나를 앞
으로 이끌어 주었다. 그리고 기획, 홍보, 마케팅 등 경영학 전반
에 관심이 있었다. 졸업 전까지 이등 애벌레로서 해내야만 하는
도전들을 진행하면서, 내가 좋아하는 경영학 실무를 익힐 수 있
다고 생각하니 오히려 이런 시간들이 소중하고 보람 있었다.


쿠알라룸푸르에서 공연을 성공적으로 마치고 돌아온 나는 The
Leaders를 카페로 운영해 보는 게 어떻겠느냐는 조언을 듣고 함
께 할 대학생을 모집했다. 꿈꾸는 자들이 모여 자신만의 길을 개
척하고 도전할 수 있는, 서로가 서로에게 든든한 버팀목이 되는
공간을 만들고 싶었다. 그리고 스스로의 꿈을 발견할 수 있는 대
화의 공간, 그 속에서 각자의 꿈은 다르지만 함께 달려가는 동료
애벌레들을 만날 수 있다면 얼마나 힘이 날까?
그렇게 무엇이든 자신이 원하는 것에 도전할 수 있는 용기를 북돋
아 주는 것이 목적이었다. 모두 취업을 위해 열심히 활동하겠지
만, 취업은 최종 목적이 아니라 단지 삶에 있어 하나의 계단일 뿐
이라고 생각했다.
하지만 세상의 모든 일이 그렇듯 무에서 유를 창조하는 일은 결
코 호락호락하지 않았다. 그렇게 의기투합한 우리는 순수하게
대학생들의 힘으로 강연회를 개최하려고 했다. 연사들을 초청하
기 위해 이름만 들으면 알 수 있는 멘토들의 명단을 만들어 연락
했으나, 일정이 바쁘거나 강연료가 너무 높아서 도저히 추진할
수가 없었다. 꼭 모시고 싶은 분들이었다.

그래서 기업들의 사회공헌부서에 제안서를 수도 없이 보냈지만 후원은 받지 못했다. 사실 지나고 나서야 깨닫게 된 것인데, 어느 기업이 신생 팀에게 선뜻 후원을 해 주겠는가.

우리는 겨우 자비를 모아 강당을 빌렸고, 나머지는 참가비를 조금이라도 받아서 진행하려고 했다. 그런데 한 달도 채 남지 않은 상황, 연사님은 우리의 강연비가 무료인 줄 알았다고 말씀하셨다. 후원을 받아서라도 반드시 무료로 해 주길 부탁한다는 연사님의 말씀에 노력했지만, 결국 배가 기울어져 버렸다. 우리 준비가 부족했던 탓이다. 하지만 이등 애벌레는 실패할 수밖에 없는 운명이라는 엔딩으로 이야기의 끝을 맺을 수는 없었다.


# 물은 끓기 전에도 따뜻해

in 하노이


강연회를 정리하고, 다시 꿈을 꾸었다. 인제대학교와 대학교육 역량사업의 '글로벌 챌린저' 프로그램을 통해 2011년 여름방학에 교내 영어 기숙사인 English Town에서 친해진 영태, 한수 형, 정관이, 그리고 큰형님 역할을 해 주시는 교무처 조성룡 선생님과 함께 일주일간 하노이, 방콕, 앙코르와트 탐방을 시작했다. 왜 이 동남아 3국에 세계의 여행객들이 몰리는지 알아보기 위해서였다. 분명 우리나라에도 아름답고 유서 깊은 역사·문화 관광지가 있고 서비스도 최상급인데, 왜 아직도 외국인들이

쉽게 오지 않는지 의문이 들었다.

외국인 환대라는 것이 단지 겉으로 드러나는 최첨단 서비스가 아니라는 것은 유럽에서 느꼈다. 그들은 어떤 인종이 다가와도 별 두려운 기색 없이, 또 거리낌 없이 대해 주었다. 그 나라 사람들은 국가에 대한 자부심을 가지고 있는 듯했다. 우리 스스로 일구어 낸 나라. 그러니 그 속에서는 옆 사람과의 일등, 이등이 중요한 것이 아니라 세계 속에서 자신의 나라가 더 나은 평가를 받기를 바라는 듯한 모습이었다.

베트남의 수도 하노이는 북쪽에 위치해 있다. 1954년부터 75년까지 분단을 겪었고, 1975년 4월에 통일이 되면서 이듬해 7월 베트남사회주의공화국이 수립되었다. 우리의 옛날을 보듯 수많은 오토바이와 자전거들이 도로를 막고 서 있었다. 어떻게 차를 운전할 수 있을지 궁금할 정도였다. 우리는 기차를 예약하고, 사파로 가기 위해 저녁까지 기다렸다.

하늘의 마을인 사파는 베트남 거의 북쪽 끝에 있었다. 야간 침대 열차는 아침에 라오까이에 도착했고, 사파까지는 버스를 타고 갔다. 그렇게 먼 곳이지만 사파는 외국 배낭 여행객들이 찾는 필수 코스 중의 하나다.

다른 일반적인 트레킹과는 큰 차이점이 있었다. 실제로 이곳에서 살아가는 소수민족을 만날 수 있다는 점, 우리 역시 비비라는 소수민족 가이드 소녀와 동행했는데, 그녀는 영어를 유창하게 구사했다. 다른 소수민족 사람들도 우리 여행에 동참했다. 알고 봤더니 고산족 여인들은 바구니를 메고 다니며 물건을 파는 거였다. 팔찌, 가방 같은 물건을 잔뜩 넣어 가지고 우리를 계속 따라왔지만, 우리 역시 가난한 여행자들이라 물건을 살 수는 없었다. 사정을 설명했고, 오순도순 이야기를 나누면서 자연 그대로의 경치를 감상했다.

자연 경관은 우리나라와 크게 다르지 않았다. 계단 같은 다랑논이 드넓게 펼쳐져 있었다. 뭔가 굉장히 아름답게 꾸며 놓았기 때문에 사람들이 찾는 것이 아니었다. 초라한 원두막일지라도 자연 경관 속에 원래 있었던 것처럼 어색하지 않았다.

알랭 드 보통은 《여행의 기술》에서 이렇게 이야기했다.

<blockquote>

"여행은 생각의 산파다. 움직이는 비행기나 배나 기차보다 내적인 대화를 쉽게 이끌어 내는 장소는 찾기 힘들다. 우리 눈앞에

</blockquote>

# 모든 걸 내려놓고
# 잠시 쉬어야 할 때가 있어

in 방콕

폭우를 뚫고 방콕 수완나품 공항에 착륙했다. 우리는 세계 배낭
여행자들의 메카를 둘러보기로 했다. 그곳에는 도대체 무엇이
있길래 사람들이 몰리는 걸까?

다음날부터 방콕 시내를 돌아다녔다. 도심 속에 성벽만 1,900m
에 이르는 방콕 궁전이 있다. 높이 솟은 궁전과 누각들, 그리고
사원들은 금박, 유리, 자기로 장식되어 눈이 부실 정도로 꾸며져
있었다. 우리가 방콕 하면 떠오르는 황금빛 탑은 '프라씨 랏따나
체디'였다. 방콕의 색깔을 담고 있는 휘황찬란한 모습에 입이 떡
벌어졌다.

그곳을 떠나 근처에 있는 대학교를 방문했다. 지도티셔츠를 그
려가지고 다녔던 나는 한국 문화와 동해, 독도에 대해 간단히 브
리핑하는 시간을 가졌다. 태국 학생들은 금새 우리 설명에 관심

을 갖고 여러 가지 질문을 하는 등 적극적인 모습을 보여 주었다. 짧은 시간이었지만 힘내라며 격려해 주는 태국 학생들이 무척 고마웠다.


'여행의 모든 것은 그곳에 있다'는 말이 딱 맞았다. 싸고 신선한 과일과 길거리 음식, 저렴한 옷, 장신구들. 게다가 여행자 거리의 왁자지껄하면서도 특유의 여유로움이 있었다. 다채로운 음악 소리도 귀를 즐겁게 해 주었다. 또 호프집에서는 직접 연주를 하는 이들도 있었다. 여행자들은 마사지숍에서 피로를 풀며 오감을 만족시킬 수 있다.

카오산 로드. 모든 길은 로마가 아니라 이곳으로 통하는 듯했다. 사실 300m 정도밖에 안 되는 짧은 길이다. 예전에 호주 학생들에게 방을 저렴하게 빌려 준 적이 있는데 그때부터 아시아를 횡단하던 유럽인 여행자들에게 전해져 오늘날에 이르게 되었단다. 그래서 '쏘이 람부뜨리'와 '타논 쌈쎈'까지 지역이 확장되어 전 세계 여행자들이 찾는 카오산 로드가 되었다. 결국 지구의 여행자들이 어울리면서 그들만의 여행과 삶이 한데 섞인 문화가 자연스럽게 만들어진 것이다.

태국 볶음국수 팟타이, 바나나 팬케이크, 생과일주스 등 저렴하면서도 맛있는 음식들이 있었다. 가난한 배낭 여행객들은 저렴한 숙소, 편안한 여행사, 값싼 세탁방과 음식들, 그리고 아름다운 여행지가 있다면 더 이상의 행복이 있을까? 우리나라를 방문하는 외국 사람들이 여행을 하면서 편안하게 한국을 느끼게 하려면 진정으로 필요한 것들은 무엇일까?

# 조화롭기에 아름다운?
# 부조화로워 아름다운?

in 씨엠레압

캄보디아는 아시아에서 두 번째로 못사는 나라다. 그런데도 이곳에 수많은 여행객들이 모여든다. 그 이유는 영화 '툼 레이더'의 촬영지로도 유명한 세계 7대 불가사의 '앙코르와트' 때문이다. 관광 수익이 1년에 1조 원이라니.

얼마나 넓고 거대한지 그 모습만으로도 머리가 혼란스러웠다. 천 년 전에 이런 규모의 사원을 오직 돌만을 이용하여 정교하게 만들었다니, 상상이 잘 안 되었다. 이곳은 너무나도 거대한 사원이라서 걸어 다닐 수가 없었다. 그래서 오토바이를 개조한 '툭툭'이라는 것을 타고 다녔다. 중간 중간에 내려서 구경을 하는 동안 기사가 우리를 기다려 주었기 때문에 편하게 돌아볼 수 있었다.

단순하게 큰 것이 아니라, 건축의 완성도가 완벽에 가깝다고 한다. 끝없는 벽에 정교하게 세공된 벽화는 마치 한 편의 거대한 전쟁영화 같았다. 신에게 바치는 서사시, 전쟁의 기록, 힌두교의 신화가 새겨져 있다. 일반 돌기둥에도 정교하게 문양을 파놓았고, 모든 건물이 연꽃이 피어오르는 느낌을 담고 있었다. 땅 위로는 단순한 곳을 찾아보기 힘들 정도로 건물 전체가 조각품 그 자체였다.

그것만으로도 모자라서 12m는 될 듯한 나무들이 뿌리까지 세상에 뻗어 나와 기이한 모습으로 아름다웠다. 물론 그 나무들로

인해 훼손이 진행되고 있다고 하니, 과연 어떻게 하는 것이 가장 잘 지켜내는 것일지. 앙코르와트는 사원과 둘레가 4m 정도 되는 거대한 나무들이 한데 어우러져 정말 이 세상이 아닌 듯한 광경을 이루고 있었다.

이곳 저곳을 돌아다니면서 우리나라와 다른 나라들과의 가장 큰 차이점을 발견했다. 그들은 외국인에 대해 별다른 두려움이 없다는 점이었다. 나이, 사회적 지위와도 무관하고 자신이 영어를 못해도 그러려니 하는 태도를 보여 주었다.

그런데 우리는 외국인을 보면 덜덜 떨기 시작한다. 영어를 잘 못하니까 나서기도 두렵고. 그래서 결국 영어를 잘하는 성공한 1등과 그렇지 못한 대다수의 불행한 2등의 구조가 되어 버렸다. "난 영어를 잘 모르니 당신이 한국어를 배우세요" 하고 한국어로 그들과 이야기를 할 수 있다면, 간단한 영어라도 기죽지 않고 대화할 수 있다면, 내가 먼저 가서 반갑게 눈인사라도 할 수 있다면. 바로 그런 자세가 외국인에 대한 진정한 환대가 아닐까.

내가 방문한 다른 나라들은 대체로 그렇게 한다. 왜 우리만 그런 마음가짐을 갖지 못해서 쩔쩔 매고 있는 것인지 이해가 안 되었다. 우리나라가 얼마나 대단한데. 나는 문득 여행을 처음 다녔을 때부터 지금까지 듣고 경험한 문제점들이 결국 한 점으로 모이는 것을 알 수 있었다.

결국 우리는 이등밖에 존재할 수 없는 지구에 살면서, 모두 일등만 바라보며 스스로를 불행하게 만들고 있었다. 왜 우리나라의 행복지수는 저 아래에 있을까? 서비스와 인프라 강국, 편리하고 편안한 생활, 거의 100%의 대학 진학률, 세계적인 기업들, 그리고 안정적인 치안, 최상의 계절 조건을 갖고 있는데도 말이다.

왜 우리 청소년들은 극단적인 선택을 할까? 어떤 이유 때문에 우리는 행복하다고 느끼지 못하는 걸까? 우리 자녀 세대에게는 똑같은 세상을 물려주어서는 안 된다. 그렇다면 우리부터 변해야 한다. 모두가 오케스트라의 지휘자일 수는 없다. 일등 만능주의로 인해 청춘이 아파해야 할 이유가 있을까? 타인과의 끝없는 비교, 즉 제로섬 게임을 벗어던지고 나 자신 스스로 자부심과 용기

를 갖는 것. 그것이 바로 '나비' 가 되는 행복의 스펙이라고 생각
했다.

이제 나는 졸업까지 한 학기가 남았고, 강연회를 준비하다가 이
미 한 번 크게 실패한 경험이 있다. 그렇다면 지방 대학교에 다
니는 이등 애벌레도 감히 '지구' 에, 그리고 '꿈' 에 도전할 수 있
다는 것을 보여 줄 수 있는 기회가 단 한 번밖에 남지 않았다는
것이다.

# 천 번의 거절 천 한 번의 도전

# 나는 포기할 수 없었다



가슴이 찢어진 적은 없지만, 아마 이런 느낌을 두고 하는 말이지 싶을 정도로 The Leaders의 무참한 강연회 실패로 마음이 아팠다. 나를 믿었던 팀원들에게 미안했다. 부모님께도 죄송스러웠다. 차라리 휴학을 하고서라도 활동을 진행했어야 했나 하는 후회도 끊임없이 밀려왔다. 나에게는 당장의 취업보다 이등 애벌레도 할 수 있음을 보여 주는 대학생활이 더 중요했는데 말이다. 나는 남은 한 학기 동안 분명히 누구나 꿈을 꾸면 해낼 수 있다는 것을 증명해야만 했다. 그것은 이미 내 삶의 일부가 되었다. 2011년 6월 초 베트남, 태국, 캄보디아 여정을 준비하면서도 그렇게 혼자 답답해 하고 있었다.

그때 '나'는 오랜만에 나에게 말을 건네왔다. 작년 유럽의 경험을 살려 한번 더 해외로 도전장을 내밀자고 했다. 이번에는 민간 외교적인 측면을 살리는 활동을 하고자 마음먹었다. 가슴이 두근거렸다. 유럽에서 귀국한 후 1년이 지나며 자료를 찾아본 결과, 독도는 홍보를 자제해야 우리나라에 유리하다는 것을 알게 되었다. 게다가 목적 없는 일방적인 홍보는 단지 나만의 파티가 될 소지가 있었다. 과연 실질적으로 남을 수 있는 활동은 무엇일까 고민을 거듭했다.

그러던 중 유럽을 돌아다니면서 가끔씩 생각했던 아이디어가 떠올랐다. 한국전쟁 당시 우리나라를 위해 희생하신 외국 참전용사분들에게 감사 인사를 드리는 것이었다.

방학을 하자마자 부모님께는 취업 준비를 하러 도서관에 간다고 말씀드렸다. 죄송했지만 내가 더 행복해야 부모님도 행복하실 거라고 믿었다. 그렇게 나는 세계지도를 펼쳐놓고 각 지역의 참전비를 파악하고 있었다. 그 지역에 참전용사단체도 있지 않을까 생각했다.

이윽고 6월 말이 되어 밤을 지새우며 구글맵을 통해 21개국 150여 곳에 있는 참전비의 위치와 여정 루트를 파악해 나갔다. 그중에 연락이 되는 곳을 직접 찾아가 한국이 이렇게 발전했으며, 아름다운 곳들이 있고, 아이들은 이렇게 자라고 있다는 영상을 보여 주고 싶었다. 대금 연주를 하고 안마를 해 드리면서, 그리고 지금 한국은 여러분 덕분에 존재한다며 감사 인사를 드리고 싶었다.

하지만 "국내든 국외든 그런 것은 이미 하고 있으니 학생은 신경 쓰지 않아도 된다"는 대답만 들어야 했다. 7월 한 달을 거의 기획안 수정과 전화를 하며 보내고 있었다. 아무도 거들떠봐 주지 않았다. 오히려 쓸데없는 곳에 시간 낭비하는 불쌍한 대학생으로 바라보는 시선이 더 많았다.

부모님이 걱정하실까 봐 여전히 취업 준비를 하고 있다는 핑계를 댔다. 그리고 도서관에 와서는 이런 밑도 끝도 없는 작업을 하고 있는 내 모습이 죄송스러웠다. 그래서 최대한 부모님을 피할 수밖에 없었다. 얼굴을 마주하고는 도저히 밥을 먹을 수가 없었다. 나는 불효자였다.


우리나라 민족 부흥을 위해 힘쓰신 도산 안창호 선생님의 의지를 이어나가고 있는 흥사단과 연락이 닿아 서울로 향했다. 다른 팀의 프로젝트 여행을 뒤에서 담당하셨던 분을 만나서 의논을 드렸다. 그분도 참전용사를 뵙는 것은 좋은 취지지만 기업의 후원을 얻지는 못할 거라고 했다. 그리고 혼자서는 불가능하니 팀을 만들라고 조언해 주었다. 다른 단체를 찾아갔을 때는 쓸데없는 짓 하지 말라고 딱 잘라서 말했었다. 강연회 준비부터 이제까지 안 된다는 이야기만 진짜 수백 번은 들은 것 같다.

그래도 난 포기할 수 없었다. 차라리 아르바이트를 해서 자금을 만들까 고민도 많이 했다. 그럴 경우에는 유럽 배낭여행 때와 같이 너무 개인적인 여행으로 바뀌지 않을까 하는 생각이 들었다. 게다가 조금 더 차가운 사회와 부딪쳐서 현실을 배우고 싶었다.


햄버거 가게에 앉아서 콜라를 시켜놓고 컴퓨터를 켰다. 다시 관련 기업들에게 전화를 하기 시작했다. 몇 군데와 연락이 되었지만 역시 기업의 의도와 다르므로 받아들일 수 없다는 말을 들었다. 이제 정리하고 다시 부산으로 돌아가야겠다고 마음먹은 찰나, 전화 한 통이 걸려왔다. 어느 시중 은행으로부터 만나자는 거였다. 서둘러 을지로로 향했다. 만나자마자 이 프로젝트가 어떻게 고객을 창출해 낼 수 있겠느냐고 물었다. 확실한 방안이 있다면 생각해 보겠다는 긍정적인 얘기를 해 주었다. 그리고 역시 팀원 없이 혼자서는 힘들 거라고 조언해 주었다.

부푼 꿈을 안고 부산으로 내려왔다. 휴학을 각오하고 앞으로 어떤 활동을 펼쳐 이 활동이 은행 고객을 창출해 낼지 아이디어를 짜고, 주변의 조언을 얻어 정리해서 보냈다. 하지만 아무런 답이 없었다. 전화도 받지 않았다.

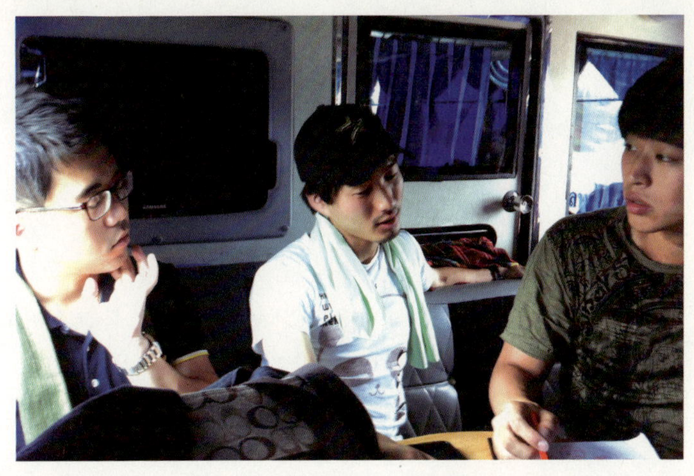

곧 8월 중순이 되었고, 나는 친구들과 베트남으로 출국했다. 언제나 든든하게 응원해 주는 조성룡 선생님과의 인연도 이렇게 시작되었다. 여정의 막바지. 캄보디아로 가는 버스 안에서 나는 조심스럽게 프로젝트 여행에 참여하지 않겠느냐는 말을 꺼냈다. 조성룡 선생님은 조용히 지켜보셨고, 정관이는 바로 승낙했다. 한수 형도 깊은 고민 끝에 귀국할 때쯤 승낙했다. 영태는 중국 교환학생으로 갈 계획이 있어 불참 의사를 밝혔다. 나는 잠시 현재까지 내가 해 온 것과 앞으로 해야 할 것들에 대한 얘기를 했다. 그리고 드디어 팀이 만들어졌다.


귀국 후 서울에 올라가 참전용사 관련 활동을 하는 분과 만나고 부산으로 가려던 참이었다. 참전용사들과 연락도 불가능할 테니 활동 주제를 바꾸든가 그냥 포기하라는 말을 듣고 심하게 좌절

하고 있었다. 다들 그런 생각을 하지는 않았겠지만, 나는 다른 팀원들까지 취업을 미루게 하면서 이 활동을 진행해야 하는 것인지 혼란스러웠다. 팀을 믿었지만, 현실의 어려움에서 어깨에 내려앉는 무게감에 지쳐가고 있었다. 그런데 부산으로 가려는 찰나에 또 한 통의 연락이 왔다.

"시간이 되면 만나서 차 한 잔 하고 싶습니다."

청와대 박인주 사회통합수석비서관님으로부터 페이스북 메시지를 받은 것이다. 예전에 대학생들의 프로젝트 활동을 지원하셨고 흥사단 이사장님을 지내셨던 터라 연락을 드렸었는데 답장을 주신 것이다.

떨리는 마음으로 청와대를 방문했다. 너무 바빠서 큰 도움을 주기는 힘들 거라고 하셨지만 행정관을 소개해 주어 우리 기획안을 실질적으로 손볼 수 있도록 힘을 북돋아 주었다. 도움을 받고 안 받고를 떠나서 다시 한 번 힘을 낼 수 있는 계기가 되었다. 아무도 거들떠보지 않던 우리에게 작은 관심은 엄청난 힘의 원천이 되었다. 곧 우리는 재외동포재단에 등록된 전 세계 한인회에 몇백 통의 메일을 발송했다. 답변은 거의 없었다.

"참전용사님 서른 분을 초청할 테니 중계수수료를 주십시오" 하는 분도 있었다. 취지를 설명했지만 터무니없이 비싼 수수료를 요구했다. 그리고 국내에도 거의 모든 참전용사 관련기관에 전화를 해 부탁했으나 참전용사들을 만날 수 있는 방법은 요원했다. 오히려 미궁으로 빨려가는 듯했다. 더 이상 아무에게도 답이 오지 않았다.

그러다가 개학을 했다. 그와 동시에 우리는 약속이라도 한 듯 영태방에서 끊임없이 회의를 했다. 아직 룸메이트가 오지 않았던 터라

가장 편했다. 그렇게 며칠 동안 기획안 작업을 하다가, 수석님이 주신 대통령 시계를 영태에게 선물했다. 막내인 영태 또한 한 번쯤은 틀에서 벗어난 활동을 해 보고 싶었다고 했다. 그렇게 무모한 활동에 네 명의 팀원이 생겼고, 우리는 더욱 용기를 냈다.


개학을 하고 얼마 안 되어 조성룡 선생님이 자리를 마련해 주었다. 그래서 우리 학교 박종길 학생복지처장님을 만나뵐 수 있었다. 드디어 든든한 지도교수님을 만나게 된 것이다. 부산 흥사단 회장님이었던 교수님은 만나뵙자마자 이렇게 말씀하셨다.
"하고자 하는 의지가 중요한 것이니 우선 공연 준비부터 완벽하게 해 보자."
대금 공연을 하기로 동의한 터라 문화 모임에 나가서 관련 정보를 알아보았다.
"공연은 안 될 것 같네요. 3개월간 연습해도 아리랑 한 곡 할까 말까 한데, 플라스틱 대금으로 준비하다가 안 되면 포기하세요. 대나무는 비싸니까 나중에 후회할 거예요. 아니면 그냥 사물놀이를 하면 금방 할 거예요."
우리는 다음날 대나무 대금과 소금을 구입했다. 추석과 주말 내내 연습하며 소리를 잡아나갔고, 그 다음 주에 찾아가 미흡하지만 '아리랑'을 들려주었다. 그리고 박종길 처장님을 통해 만나뵈었던 흥사단 단우들도 우리를 응원해 주어 더욱 책임감을 느끼게 되었다.
그 무렵 일본 후쿠오카 다도 교류 때 함께 가셨던 김성태 선생님이 학교 근처에 오셨다는 연락을 받았다. 우리는 본격적으로 선생님께 연주를 배우기 시작했고, 영태와 한수 형이 퓨전 탈춤을 기획했다. 점점 활동 방향이 명확해져 갔다.


"이번에 모나코에서 국제수로기구(IHO, International Hydrographic Organization) 회의가 열리는데 동해 표기와 관련된 거야. 지금 일본해로 되어 있는 걸 바로 잡을 마지막 기회라는데?"

정관이의 말에 우리는 관련 정보를 다시 되짚어 봤다. 이번 IHO에서 또다시 일본해 단독 표기로 확정이 될 가능성이 높다는 기사가 있었다. 그리고 또 국제사회에서 인정받지 못하면 5년을 기다려야 한다는 것이다. 유럽 배낭여행을 할 때 보았던 수많은 지도의 'Sea of Japan'이 머릿속에 떠올랐다. 이 상황은 예전에 동생과 유럽에서 별다른 목적 없이 일회적으로 홍보를 하는 것과는 달랐다. 단번에 서명을 받아서 제출하자는 의견이 모아졌다.

그런데 정관이가 찾은 정보로 활동을 다시 하려면 이제껏 우리가 준비한 기획안은 다 엎어야 하는 상황이었다. 나에게는 3개월 동안 준비한 기획을 없애야 했고, 팀원들 또한 투자한 시간을 포기해야 하는 결정이었다. 그러나 지금 동해바다 상황이 더 시급했다. 우리 역시 이대로 추진할 경우 참전용사님들을 뵐 수 있다는 가능성은 매우 낮았다. 참전용사님들은 일단 외국으로 떠나면 어떻게든 연락을 할 수 있지 않겠느냐는 것이 모두의 의견이었다. 우리는 바로 기획안 수정에 들어갔다. 다음에서 소개하는 자료들을 바탕으로 며칠 밤샘 작업 끝에 기획안이 제작되었다.

동북아역사재단에서 제공하는 정보를 토대로 올바른 활동 방향을 모색해 나갔다.

# 동해표기

## 우리의 입장 : 동해 명칭의 정당성

### – 동해 수역의 지형적 특성

동해 수역은 한국, 북한, 일본, 러시아 등 4개국의 영해와 배타적경제수역(EEZ)으로 구성되어 있다. 이처럼 여러 나라의 주권과 주권적 권리가 미치는 수역을 특정 국가의 명칭만으로 단독 표기하는 것은 정당하지 않다.

### – 국제사회의 규범

국제수로기구의 기술결의(A.4.2.6) 및 유엔지명표준화 결의(Ⅲ/20)는 지리적 실체를 공유하고 있고, 각기 다른 명칭을 사용하는 관련국은 지명의 단일화를 위해 노력해야 하며, 합의에 이르지 못할 경우에는 각국에서 사용하는 지명을 지도상에 모두 병기할 것을 권고하고 있다. 국제수로기구 기술결의 A.4.2.6(1974년) 요지 2개국 이상이 지형물을 공유하는 경우(다른 명칭으로) 단일 지명에 합의를 위해 노력하되, 공통 지명 미합의시 기술적인 이유로 불가할 경우를 제외하고 각각의 지명 사용(병기)을 권고. 유엔지명표준화회의 결의 Ⅲ/20(1977년) 요지 2개국 이상의 주권하에 있거나 2개국 이상 사이에 분할되어 있는 지형물에 대하여 당사국간 단일 지명에 관하여 합의하지 못할 경우 서로 다른 지명을 모두 수용하는 것을 국제지도 제작의 일반 원칙으로 할 것을 권고하고 있다.

- '일본해' 확산 배경과 '동해' 표기 문제 제기

해양지명의 국제적 표준화와 항해의 안전에 필요한 국제적 규범 마련을 목적으로 1921년 창설된 국제수로국은 다년간 논의를 통해 1929년 《해양과 바다의 경계(S-23)》라는 책자를 발행하였다. 전세계 바다 명칭의 준거자료로 제작된 이 책자는 세계 각국의 지도에서 '일본해' 표기가 확산되는 중요한 계기가 되었다.

한국은 당시 일제 식민지배 하에 있었기 때문에 국제사회에서 동해 수역 표기에 대해 정당한 의견을 제시할 수 없었다. 이후에도 《해양과 바다의 경계(S-23)》 제2판(1937)과 제3판(1953)이 각각 발간되었는데, 동해 수역은 계속 '일본해'로 표기되었다. 안타깝게도 이 시기에 한국은 일제에 의해 강점되거나 전쟁을 겪고 있었기 때문에 우리 의견을 제시할 수 있는 상황이 아니었다.

우리 정부는 1991년 유엔 가입 이후 1992년 '유엔지명표준화회의'에서 비로소 동해 표기 문제를 국제사회에 공식적으로 제기하게 되었고, 이후 동해 지명을 되찾기 위해 지속적으로 활동해 오고 있다.


- 한국과 동해

우리는 '동해' 명칭이 세계 각국의 지도에서 널리 쓰여지기를 희망한다. 한편 한일 양국간 명칭에 대한 합의가 이루어지지 못하는 현실을 고려하여 국제사회의 규범에 따라 동해와 일본해 두 이름이 함께 사용되어야 한다고 본다.

한국민 중 그 누구도 동해상의 한국령 섬들이 일본해, 즉 일본의 바다에 있다고 인정하는 사람은 없다. 불행했던 과거로 인해 한때 국제사회가 인지할 수 없었던 우리의 바다 이름 '동해'가 다시 제자리를 찾아가기를 희망한다.

우리는 객관적 사실과 국제적 일반원칙에 의거하여 일본해 단독표기
의 부당성과 동해 표기 병기 사용의 정당성을 국제사회에 지속적으로
설명해 나갈 것이다.


## 독도영유권

### - 독도에 대한 바른 역사인식

2005년 일본 시마네현은 독도에 대한 여론 조성을 위해 2월 22일을
소위 '죽도의 날'(竹島는 독도의 일본명)로 정하고 매년 행사를 개최하
고 있다. 2008년 일본 문부과학성은 중학교 사회과 학습지도요령 해
설서에 독도 관련 내용을 기술하여 독도에 관한 교육을 심화시키도록
하였다. 이처럼 최근 일본은 독도에 대한 교육, 홍보를 더욱 강화하고
있다.

### - 독도는 대한민국의 고유영토

독도는 지리적으로 울릉도에 가까이 있어(울릉도에서 87.4km) 육안으로
바라볼 수 있다. 〈세종실록지리지〉(1454년)는 '울릉도와 독도, 두 섬이
서로 거리가 멀지 않아 날씨가 맑으면 바라볼 수 있다' 고 기록하고 있
다. 예로부터 울릉도 주민들은 독도를 울릉도의 부속섬으로 인식하고
있었고, 조선시대 관찬문서인 〈만기요람〉(1808년)에는 '독도가 울릉도
와 함께 우산국의 영토였다' 는 내용이 기록되어 있다.
1900년 10월 대한제국은 칙령 제41호를 공표하여, 울릉군수가 울릉
도 본섬과 함께 독도를 관할할 것을 확고히 하였다. 과거 일본 정부의
공문서조차도 독도가 대한민국의 영토라는 것을 인정하였다. 1696년

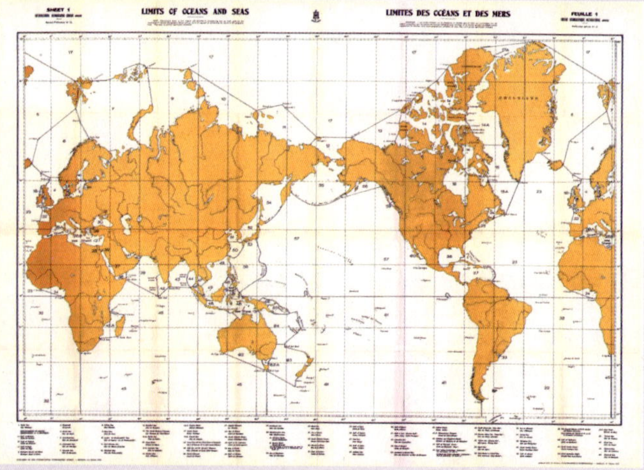


일제 침탈 초기인 1921년, 런던에서 IHB 국제수로국이 설립되었다. 오른쪽 하단에 일본인이 있다. 제3판《해양과 바다의 경계》, 한국전쟁이 끝난 무렵인 1953년에 개정되었다.

도쿠가와 막부의 〈울릉도 도해금지(渡海禁止)〉 문서, 19세기 말 메이지 정부의 〈조선국교제시말내탐서〉(1870년), 〈태정관 지시문〉(1877년) 등이 그것이다. 특히 1877년 3월 일본 메이지 시대 최고 행정기관인 태정관은 17세기 말 도쿠가와 막부의 울릉도 도해금지 사실을 근거로 '울릉도 외 1도, 즉 독도는 일본과 관계없다는 사실을 명심할 것'이라고 분명히 지시하였다.

### – 일본의 독도 침탈, 제2차 세계대전 후 회복

1904년 9월, 러일전쟁 초중반까지만 해도 일본은 독도 침탈을 주저하고 있었다. 당시 일본 내무성 이노우에 서기관은 독도 편입 청원에 대해 반대하였다. 그 이유는 "한국땅이라는 의혹이 있는 쓸모없는 암초를 편입할 경우 우리를 주목하고 있는 외국 여러 나라들에 일본이 한국을 병탄하려고 한다는 의심을 크게 갖게 한다"는 것이다. 이것은 1877년 메이지 정부가 가지고 있었던 '독도는 한국의 영토'라는 인식을 그대로 반영한 것이다.

하지만 러일전쟁 당시 일본 외무성의 정무국장이며 대러 선전포고 원문을 기초한 야마자 엔지로는 독도 영토 편입을 적극 추진토록 하였다. 그는 그 이유를 이렇게 말하였다. "이 시국이야말로 독도의 영토 편입이 필요하다. 독도에 망루를 설치하고 무선 또는 해저전선을 설치하면 적함을 감시하는 데 극히 좋지 않겠는가?"

1905년 1월, 일제는 러일전쟁이라는 침략전쟁 중에 한반도 침탈의 첫 신호탄으로 독도를 자국의 영토로 침탈하는 조치를 취하였다. 이 침탈 조치를 일본은 처음에는 독도가 주인이 없는 땅이라며 무주지 선점이라고 했다가, 후에는 독도에 대한 영유의사를 재확인하는 조치라며 입장을 바꾸었다. 일본의 주장이 이랬다 저랬다 하는 것은 그만큼 근거가 박약하기 때문이다.

제2차 세계대전의 종전과 더불어 일본은 폭력과 탐욕에 의해 탈취한 모든 지역으로부터 축출되어야 한다는 카이로선언(1943년) 등 전후 연합국의 조치에 따라 독도는 당연히 한국의 영토로 회복되었다. 전후 일본을 통치했던 연합국총사령부는 훈령(SCAPIN) 제677호를 통해 독도를 일본의 통치적·행정적 범위에서 제외하였고, 샌프란시스코 강화조약(1951년)은 이러한 사실을 재확인하였다.

## 우리의 주장

일본의 독도 영유권 주장은 제국주의 침략전쟁에 의해 침탈되었던 독도와 한반도에 대해 점령지 권리, 나아가서는 과거 식민지 영토권을 주장하는 것이다. 이것은 한국의 완전한 해방과 독립을 부정하는 것이나 다름없다. 일본이 독도 영유권을 주장할 때마다, 한국민들은 일제의 한반도 침탈이라는 과거 불행했던 역사의 기억을 떠올리게 된다.

현재 독도에는 한국의 경찰, 공무원 그리고 주민 등 40여 명 거주하고 있고, 매년 10만 명이 넘는 국내외 관광객들이 독도를 평화롭게 드나들고 있다. 우리는 일본과 함께 바른 역사인식을 토대로 21세기 동북아의 평화와 번영을 이루어 나가는 데 협력해 나갈 수 있길 바란다. 그러기 위해서는 일본이 독도에 대한 잘못된 영유권 주장을 중단해야 할 것이다. 그것만이 독도로 인해 발생하는 한일 간의 갈등을 해결할 수 있는 길이다.

IHO에는 전 세계 총 80개의 회원국이 있다. 그 중 1921년 설립 당시의 회원국을 중심으로 설정했다. 하지만 4개월 동안 19개국을 다니기에는 경비가 너무 많이 들어 중심 국가만 추려 7~10개국으로 정했다. 우리는 1인당 1,200만 원의 예산을 책정하고 다시 기업과 후원 논의를 시작했다. 그리고 팀 이름은 '동해수문장'으로 하고 기획 당시부터 영태 방에 찾아와 우리와 회의를 함께 했던 성민이 형을 영입했다. 하나 남은 대통령 시계를 선물했고, 우리 팀은 다섯 명이 되었다.

우리는 100년 가까이 일본해로 불리고 있는 동해바다를 되찾고 싶었다. 우리 국민 모두 같은 마음 아닐까? 2012년 4월 IHO 총회에서는 동해/일본해 공동표기, 혹은 일본해 단독표기에 대한 내용으로 투표가 있다고 했다. 동해가 일본해도 바뀌면, 그 다음 일본이 바라는 것은 무엇일까? 우리는 독도를 지켜낼 수 있을까? 60년 만에 4판이 개정되는《해양과 바다의 경계》에서 동해가 부록으로 희미하게 표기되면, 과연 5판은 언제 개정될 수 있을까? 60년이 지난 후에? 아니, 다시는 개정이 안 될지도 모른다.


명확한 목적이 생겨서 그런지 더 힘이 났다. 우리는 다시금 희망을 가지고 강연회 때처럼 여러 기업에 연락을 했다. 언론사, 잡지사, 출판사, 정부, 단체 등 많은 곳에 제안서를 보냈다. 활동비를 조금이라도 지원받고, 그곳과 연계해서 국내에서도 동해를 이슈화하고 싶었다. 그렇게 국민들에게 중요한 사안을 알리고 싶었다.

하지만 다섯 명이 아무리 머리를 싸매고 발버둥쳐도 현실은 냉정했다. 그러는 동안 9월이 지나갔고, 중간고사가 기다리는 10월이

다가왔다. 우리는 모두 22학점 이상 전공 수업을 듣다 보니 정말 너무나도 힘들었다. 수업, 과제, 시험, 국내외 전화/메일 연락, 제안서 수정, 공연 연습, 그리고 그때쯤 독도 방문 팀도 모집했다.


중간고사가 끝나고 향후 방향을 논의해 보자는 업체가 두 곳 있어 급하게 서울로 올라갔다. 각오를 다질 겸 밤을 새워 피켓을 만들고, 오랜만에 한복에 갓을 쓰고 서울로 향했다. 김해에 있는 우리 학교에서부터 서울까지, 버스와 KTX를 타면서도 나는 한복과 갓을 벗지 않았다. 그렇게 서울까지 올라가면서 마음속으로 다짐에 다짐을 했다.

그런데 기차에서도 서울 거리를 걸어다니면서도 시선이 너무 차가웠다. 저녁이 되었고, 번화가에는 젊은 사람들이 정말 많았다. 응원해 주는 사람도 있었고, 저녁이라 술을 마셨는지 지나가면서 좀 심하게 말하는 이들도 있었다.

"하하하, 저러고 다니면 안 부끄럽나?"

"꼭 튀어 보려고 쇼하는 인간들이 있지."

어떤 이는 지나가면서 서류가 들어 있는 파일을 발로 찼다.

"동해? 독도? 뭐 어쩌라고. 그게 너 밥 먹어 주냐? 누가 시켰냐?"

꼭 참아야 했다. 다 감수해야만 한다고 생각했다. 그리고 우리는 약속했던 기업들과 의논을 했지만, 결국 이번 서울행에서도 아무런 결과를 만들어내지 못하고 부산으로 돌아왔다. 지난 반년 동안 우리는 거의 천 곳이 넘는 곳의 문을 두드렸다.

이제 후원에 대한 논의는 접고 독도로 향했다. 출국이 임박했으니 우리끼리 마음을 다잡을 필요가 있었다. 한 번도 가 보지 않

고 당당하게 지킨다고 이야기하는 것도 우스웠으니까. 그렇게 천 한 번째 걸음을 동해바다와 독도를 향해 내디뎠다.


2011년 늦가을. 파도가 높아 배가 겨우 출발했다. 좌우로 심하게 흔들리는 배에서 멀미약을 먹고 잠시 앉아 있었다. 출렁이는 파도를 온몸으로 받아내며 한복을 꺼내 입었다. 멀미 때문에 의자에 앉아 있는데, 주변에 있는 사람들이 "보인다!" 하고 소리치며 갑판으로 달려 나가는 순간, 우리도 벌떡 일어났다. 한복을 다시 정리하고 갑판으로 나갔다. 저 멀리 망망대해에 섬 두 개가 우뚝 솟아 있었다. 유럽 배낭여행 때부터 그토록 만나고 싶었던 독도를 이제야 마주하면서 고향에 온 것 같은 마음이 들었다.

12월이 되었고, 마지막이라는 심정으로 드린 전화였다. 그런데 너무나도 흔쾌히 승낙해 주신 분들이 계셨다. 이영희 디자이너 님이 한복을, 칸투칸에서 아웃도어 단체복을 후원해 주었다. 또 인제대학교에서 활동비 1/5 정도를 후원해 주었다. 출국하기까 지 3주도 남지 않은 시기였다. 그간 팀원들 각자가 모은 금액도 약간은 있었다.

이등 애벌레도 할 수 있다는 마음가짐으로 학창시절에 주어진 마지막 기회를 놓치지 않으려고 발버둥쳤다. 정신적 육체적으로 는 정말 힘들었지만 행복하다는 생각은 한시도 잊은 적이 없다. 우리 다섯 명 모두 마찬가지였다. 비록 후원도, 방문 허락도 거 의 없는 불안정한 항해를 떠나야 했지만 말이다.

당장 출국을 해도 이제는 어떻게 성공적으로 활동을 해낼 것인 가가 문제로 떠올랐다. 그러나 누구나 꿈을 꾸면, 그리고 마음을

먹으면 어디서 어떻게든 해낼 수 있다는 것을 보여 주고 싶었다. 이런 우리 모두의 바람이 동해바다를 지켜내고, 국민들에게 자부심을 줄 수 있다면 얼마나 좋을까?

그리고 이제는 이등 애벌레가 해낼 수 있음을 증명하는 것을 떠나, 대한민국의 국민이자 청년으로서 해야 하는 눈앞의 목적을 반드시 이루어내야만 했다. 그렇게 우리는 부모님들께 최선을 다하고 오겠다는 각오의 말씀을 드리고 비행기에 몸을 실었다. 꿈을 먹던 애벌레는 이제 나뭇가지에 몸을 고정시키고 실을 뽑아내기 시작했다. 번데기가 되면 움직일 수조차 없어 천적들로 인해 10마리 중 2, 3마리만이 살아남아 나비가 될 수 있다. 우리는 해낼 수 있을까?

# 출국,
# 이것밖에 남은 방법이 없어



이른 아침 해가 뜨는 시간에 밴쿠버에 도착한 우리는 새로운 환경에 적응하기 위해 서둘러 입국장에서 짐을 챙겨 나왔다. 그러나 태평양을 건너 말로만 듣던 낯선 땅에 왔으니, 우리가 아무리 계획을 단단히 세웠다고 해도 두려울 수밖에 없었다. 게다가 수중에 있는 경비는 턱없이 부족했다. 빠듯하게 생활하더라도 20여 일밖에 사용할 수 없는 정도였다. 4개월의 여정이 시작되는 날부터 이만저만 고민이 아니었다.

"오늘이 12월 31일이니까 저녁에 교회에 가면 사람이 많아. 공연도 하고, 떡국도 먹고, 서명도 받으면 좋을 거야. 6시까지 준비해서 유학원 앞에 나와 있어야 해. 공연 시간은 10분 내외로 하고. 내가 목사님께 잘 말씀드릴 테니 걱정 말고. 난 지금 어디 나가봐야 하니까, 냉동실에 있는 떡 꺼내서 데워 먹고 준비 잘하고 있어."

그리고 사라지듯 계단을 내려가신 김회자 원장님은 우리가 도착한 날 아침 7시에 공항까지 마중을 나와 주셨다. 이분이 아니었다면 우리는 길에서 자야 했을지도 모른다.

교회에 도착한 우리는 춥다는 생각을 할 겨를도 없이 건물 밖에서 리허설을 하고 있었다. 들어오라는 원장님의 손짓에 서둘러

들어가 간단히 소개를 마치고, 드디어 동해수문장의 첫 공연을 조심스럽게 시작했다.

절반의 성공을 거두고 서명도 받았다. 하지만 우리는 만족스럽지 않았다. 기분도 전환하고 곧 새해니까 거리에 나가보기로 했다. 지나가는 우리를 보고 사람들은 손을 높이 올려 환호성을 질렀다. 거리 중간에 마치 우리에게 약속이라도 한 듯 텅 빈 자리가 있었다. 그곳에 자리를 잡고 둘러보니 한 손에는 맥주, 또 한 손은 하늘로 높이 들고 소리치는 사람들, 서로 허리를 잡고 노래를 부르며 기차놀이를 하는 사람들, 그런 사람들을 보며 분위기를 즐기는 이들이 눈에 띄었다.

우리와 사진을 찍고 싶어하는 외국인들과 한참 사진을 찍고 있는데, 그 순간 시계바늘이 12시에 겹쳐졌다. 모든 이들이 "해피

뉴이어"를 외치며 박수를 치고 난리가 났다. 우리도 함께 소리치면서 흥겨운 분위기에 취해 있었다. 그때 한국인 유학생들이 외국인들과 한데 어울려 우리 앞으로 모이기 시작했다. 그 중 한 명이 손을 들고 점프를 하면서 뜨거운 함성을 터트렸다.

"대~~~ 한민국! 짝짝 짝짝짝!"

그러자 주변에 있던 사람들 모두 따라 외치기 시작했다. 팀원들 모두 행복해 보였고, 응원해 준 사람들이 정말 고마웠다. 그런데 그날 밤 버스가 끊겨 버렸다. 겨우 돌아와서 씻고 잠든 시간은 새벽 5시였다. 하지만 몸도 마음도 피곤함을 잊었다. 우리는 도착한 지 40여 시간 만에 가장 소중한 것을 깨닫기 시작했기 때문이다. 국적을 떠나 우리를 응원해 주는 사람들이 있었다.


"좋은 소식이 있어. 곧 중앙일보에서 인터뷰하러 올 거고, TV Korea에서 너희들 촬영할 거야. 거리에서 공연도 할 거구. 또 밴쿠버 총영사님과 내가 친분이 있어서 너희에게 좋은 말씀을 전해 주실 수 있는지 여쭤 봤는데 허락해 주셨어. 그리고 한아름 마트 앞에서도 공연하면 될 거야."

우리에게 정말 필요한 것, 그러나 스스로 일궈 내기에는 아주 힘든 일정들을 마련해 주셨다. 출국하기 전에 여러 곳에 연락을 했었지만 거의 반송되거나 답이 없었기 때문이다.

뉴욕, 워싱턴 DC, 마드리드에서는 답변이 왔다. 하지만 다른 지역에서는 맨땅에 헤딩을 해야만 했다. 사실 밴쿠버도 그런 상황이었다. 그런데 입국하는 날 새벽 김회자 원장님이 극적으로 우리에게 손을 내밀어 주셨고, 그 덕분에 우리는 동해수문장의

기틀을 마련할 수 있었다. 곧 미국으로 출국해야 해서 심적으로
많이 불안했는데 극복해 낼 수 있는 큰 선물을 받았다.

우리는 정부와 다른 민간단체들에 대해 비판적 지지를 하고 있
다고 생각한다. 과연 정부와 각 단체들이 어떤 활동을 하고 있는
지 의문을 많이 가졌었다. 그런데 그동안 궁금했던 점들을 최영
호 총영사님을 뵈면서 해소할 수 있었다. 정부의 동해 표기에 대
한 방향과 입장을 들었기 때문이다.

"아직 대외적으로 한국보다 일본의 힘이 더 강하기 때문에 외교
적인 측면에서 공격적으로 방향을 잡는 것이 어렵다네. 정부가
아무것도 하지 않고 조용한 외교를 진행하는 것이 아니야. 어떤
일을 추진할 때 공개적으로 하게 되면 일본이 뒤에서 다 가로막
아 버리지. 그래서 티 안 나게 뒤에서, 수면 아래에서 꾸준히

South Korea    East Sea Korea
The Eastern World
East Sea
We strongly want
the name 'East Sea' to be
finally in its place.
East Sea.com
'East Sea the spirit of Korea.
We believe can keep alive.
The Eastern World

작업을 하고 있어. 지난 100년간 일본이 부당하게 일본해를 전 세계에 심어 버렸지. 그것을 단시간 내에 모두 바꾸는 것은 현실적으로 불가능하네. 92년부터 시작해 20년간 꾸준히 해 오고 있으니, 이제는 점점 가속도가 붙을 걸세."

차근차근 설명해 주신 덕분에 우리도 정부가 조용하게 활동할 수밖에 없는 이유에 대해서 명확히 알 수 있었다. 게다가 일본은 지리학자들을 전쟁터에 보내 러일전쟁을 승리로 이끌었을 정도로 그 분야에 투자를 많이 했다고 한다. 일본에 맞서기 위해서는

정부, 학계, 민간이 힘을 합쳐 지리적·역사적 문건을 확보해야
한다고 했다. 그리고 각국의 여론을 조성해 나가는 것 또한 중요
하다는 말씀을 덧붙였다.

거리 공연은 호흡이 안정적이어서 모두 만족스러웠다. 김회자
원장님이 며칠간 일부러 사람들이 다니는 곳에 우리를 데리고
가서 공연 연습을 하게 해 주었다. 그리고 총영사님과의 대화,
공연 등 우리 활동을 TV Korea에서 담아 주었으니 더욱 책임감
을 느끼게 되었다. 노숙이든 아르바이트를 해서든 반드시 해낸

다는 각오를 했다. 정말 노숙할 짐까지 다 챙겨왔다.

우리 팀원 모두 취업을 앞두고 있는데, 단지 피가 끓는 마음과 청춘의 열정만으로 앞뒤 분간도 못하고 출국한 것은 아니었다. 우리가 국민을 대신해서 이렇게 직접 발로 뛰며 활동을 하고 있으니, 조금이라도 한시름 놓게 해 드리는 역할을 하고 싶었다. 김회자 원장님 덕분에 동해수문장은 기나긴 여정을 성공적으로 시작해 나갈 수 있었던 것이다.

# 38시간의 굶주림과 갈증

in 시애틀

창밖으로 나무들이 스쳐 지나갔다. 울창한 숲속 휴게소에서 잠시 쉬었다가 미국으로 향했다. 샌프란시스코까지 버스를 타고 하루하고도 반나절을 가야 한다고 생각하니 막막했다. 물도 한 통 없는데, 그렇다고 아깝게 사먹을 수도 없었다. 최대한 체력을 아끼는 수밖에.

얼마 지나지 않아 국경에 도착했다. 그런데 같은 복장에 짐이 많은 우리를 통과시켜 줄 수 없다고 했다.

"다시 밴쿠버로 돌아가야 할 것 같군요."

입국심사를 받으며 실랑이가 벌어졌다. 그들을 설득하느라 시간이 꽤 걸렸지만, 결국 우리는 미국 시애틀에 도착했다. 그리고 다섯 시간 정도 버스를 기다려야 했는데, 시애틀에 있다는 스타벅스 1호점을 구경하러 갔다. 일반 편의점만한 조그마한 가게였다. 이런 곳에서 세계적인 카페 프렌차이저가 생겨났다니 믿어지지 않았다.

해가 뜨기 전 차는 다시 출발했고, 아직 샌프란시스코에 도착하려면 24시간이 더 남아 있는 상황이었다. 밤에 돌아다니느라 한숨도 못 잤지만, 자리가 널찍한 편이라 의자에 누워서 잠을 청했다. 그런데 창 밖에서 해가 내리쬐는 바람에 더 이상 잠을 잘 수 없었다. 게다가 아무것도 먹지 못한 상태였으니 다들 몰골이 말이 아니었다.

때마침 휴게소에서 잠시 쉬어가게 되었지만, 가격이 너무 비쌌

다. 감히 그곳에서 음식을 사먹을 수는 없었다. 나는 가게를 기웃거리다가 누가 테이블에 남기고 간 음료수를 서둘러 챙겨 왔다. 거의 14시간 동안 물 한 모금 마시지 못했으니 정체를 알 수 없는 음료수지만 상쾌하게 나눠 마셨다.

우리 마음을 아는지 모르는지 버스에는 온갖 음식 냄새가 가득했다. 말을 하면 목이 더 마를까 봐, 움직이면 배가 고플까 봐, 우리는 서로 모르는 사람인 척 가급적 말을 하지 않았다. 덕분에 혼자만의 생각을 할 수 있었다. 그렇지만 '나' 는 '내' 게 별다른 말을 건네지 않았다. 지금은 꿈보다는 앞으로의 일정을 어떻게

해결해 나갈지에만 초점이 맞춰져 있었다.

고된 시간을 보내고 다시 찾아온 밤. 다른 버스를 타기 위해 터미널에서 시간을 보내게 되었다. 다행히 화장실에 수돗물이 나와 우리는 커피 포트에 물을 끓여서 마시고, 한국에서 가져온 컵라면을 끓여 먹으며 허기를 달랬다. 온몸으로 퍼지는 따뜻한 온기와 쫄깃한 면 덕분에 세상을 다 가진 것 같았다. 하지만 곧 다시 배가 고파왔다. 우리 예산은 이제 보름치 정도밖에 남지 않은 상황이었다.

# 영원히 잊을 수 없는
## $1.00의 가치

in 샌프란시스코

샌프란시스코에 도착하자마자 눈에 들어온 것은 길에서 잠을 자는 사람들이었다. 박스를 이불 삼아 자고 있는 이들을 보니 우리의 앞날을 보는 듯했다. 터미널에서 나와 무작정 길을 따라 걷다가 주위를 둘러보니 주변에 높은 빌딩들이 꽤 많이 있었다. 우리가 서 있는 곳이 샌프란시스코의 중심지인 듯했다.

길을 조금 더 걷다 보니 저 멀리 한밤중에도 한눈에 알아볼 수 있는 스타벅스 간판이 보였다. 창업자에게 감사하며 달려갔다. 다행히 무선 인터넷이 되어 서둘러 숙소를 찾기 위해 지도를 검색했다. 두 명은 편의점을 찾아 간단하게 배를 채울 수 있는 것을 사오기로 했다. 한참 동안 오지 않아 걱정을 하고 있는데 저쪽에서 함박웃음을 지으며 달려왔다. 1개에 1달러 햄버거라니, 게다가 1인당 3개씩 사왔다고 했다. 지도를 검색하던 나머지 세 명도 입이 귀에 걸리기 시작했다.

하지만 햄버거를 먹은 다섯 명 모두 체력이 급격히 떨어졌다. 한 손에 딱 잡히는 크기의 군더더기 없는 1달러짜리 햄버거. 우리에게 필요한 열량만을 제공했다. 빵에 햄만 들어 있었다. 라면도 한참 전에 먹었기 때문에 배가 너무 고팠다. 긴장되는 마음으로 동시에 비닐을 벗겨 한입 베어 물었다. 정신이 아득해졌다. 다섯

명 모두 고개를 떨구고 어깨를 부르르 떨었다. 아무리 배가 고프
지만 너무 짜서 도저히 먹을 수가 없어 주머니에 넣어 버렸다.
우리는 날아가 버린 15달러에 울분을 토했다.

두 시간이 지났는데도 온몸에서 짠맛이 가시지 않았다.

우리는 보다 저렴하고 아침까지 주는 곳을 찾아야만 했다. 사람
들이 거리로 나오기 시작했다. 각자 흩어져 찾고 있는데 성민 형
이 숙소를 발견했다며 뛰어왔다. 호스텔에 매니저로 있는 강태
호라는 한국인 형이 우리를 반갑게 맞아 주었다.

체크인 시간까지는 어쩔 수 없이 기다려야 하니까, 아침이라도
배불리 먹으라며 식당으로 안내해 주었다. 토스트, 와플, 우유,
커피, 그리고 시리얼. 우리는 한동안 아무 말 없이 허겁지겁
먹는 데만 집중했다.

버스를 타고 한참 남쪽으로 내려왔기 때문에 날씨가 한겨울에서
가을 날씨로 바뀌었다. 넉넉잡아 서울과 부산을 세 번 정도 왕복
하는 거리였다. 이광호 영사님이 삼촌처럼 필요한 것이 무엇인
지 하나하나 신경을 써 주셔서 얼마나 감사했는지 모른다. 이정
관 총영사님은 한국일보 기자까지 초청해서 함께 점심을 들며

동해수문장 활동에 대해 왜 굳이 이런 고생을 하는지, 어떻게 시
작하게 되었는지, 목적은 무엇인지 관심있게 물어보셨다.


태호 형이 잠시 보자고 해서 호스텔 밖으로 나갔다. 형은 길 건
너에 차를 세워 놓고 내일은 쉬는 날이라며 비닐봉지를 두 개 전
해 주었다. 사장의 반대로 숙박비를 할인해 주지 못했다며, 미안
해서 그냥 갈 수 없었다며 우리에게 따뜻한 불고기덮밥 도시락
다섯 개를 사 주었다.
"제가 할 수 있는 것은 응원밖에 없어서 안타깝네요. 새너제이에
다녀와서 또 봐요."
그렇게 어깨를 툭툭 쳐주고는 떠났다. 형이 보이지 않을 때까지
손을 흔들어 주고 도시락을 들고 오면서 가슴이 먹먹했다. 우리
가 뭐가 대단하다고 이렇게 다른 사람들에게 부담을 줘야 하는지
모르겠다는 생각이 들었다. 그리고 문득 그동안 우리를 도와주신
분들의 말씀이 떠올랐다.

"우리는 하고 싶어도 할 수 없는 일이다. 너희가 우리 몫까지 열심히 해 내길 바라는 마음으로 응원하는 거야. 그러니 밥 한 끼, 잠 한 번 재워 주는 것에 부담 가질 시간에 더 열심히 제대로 활동할 궁리나 하거라."

## 내가 나의 주인이라면

in 새너제이

오늘은 득보다는 실이 많은 날이었다. 공연도 하고 빈 사무실이나 교회에서 재워 줄 수 있다고 하여 숙소를 구하지 않고 바로 목적지로 향했다. 그런데 엎친 데 덮친 격으로 내 가방 손잡이가

힘없이 부서져 버렸다. 당장 탈 수 있는 교통편도 없었다. 두꺼운 점퍼를 입고 그늘조차 찾기 힘든 땡볕 길을 한참 걸었으니, 온몸이 땀으로 범벅이 되었다. 거리에는 아무도 없었기 때문에 전화를 빌릴 수조차 없었다.

그렇게 한참을 더 걸어서 지상철을 탔다. 몇 정거장을 지난 후 다시 갈아타야 목적지 근처에 도착할 수 있다. 그런데 우리 예상을 보기 좋게 뒤엎고 정류장 주변은 허허벌판이었다. 주말이라 산업단지에는 사람이 없어 도움을 요청할 수도 없었다.

이미 약속 시간은 지나 버렸고, 육체적으로도 정신적으로도 지칠 만큼 지쳤다.

조금이라도 더 빨리 도착해야 하니까 다시 힘을 내어 무거운 짐을 들고 뛰다시피 움직였다. 그런데도 지도에 표시된 곳까지는 한 시간이 더 지나서야 도착했다. 그리고 그곳에 학교는 없었다.

이제 지도를 보고 길을 찾는 데 이력이 나서 길을 잃은 적은 거의 없었다. 너무 답답해 여기저기 뛰어다니며 찾아봐도 있어야 할 위치에 학교는 없었다. 시간은 한참 지나 있었고, 우리는 무단으로 약속을 깨버린 사람이 되어 버렸다. 우리 공연을 기다렸을 10여 명의 학생과 관계자들께 무척 죄송했다. 학교라도 찾으면 바로 들어가서 백배 사죄할 텐데, 그러지도 못하는 상황이었다.

다행히 사거리 건너편에 주유소가 있었다. 나는 뛰어들어가 자초지종을 설명하고 지도를 보여 줬다. 그러나 모른다는 답변만 들었다. 사정이 급해서 전화 한 통화만 써도 되느냐고 부탁하고 학교로 전화를 했다. 두어 번의 통화음이 울린 후 전화를 받았다. 인사를 드렸더니 예상했던 대로 차가운 목소리가 돌아왔다. 우리 사정이 어떻든 우리에 대해 실망했고 다시는 연락하지 말라며 전화를 끊으셨다. 두세 번 더 연락드렸지만, 화난 목소리와 '뚜뚜뚜' 통화음만이 귀에 맴돌았다.

우리 잘못이니 학교 측에서는 굳이 우리를 만나야 할 필요는 없긴 했다. 괜히 우울해져서 주유소 내부를 기웃거리다 밖으로 나왔다. 결과를 전해 듣고 모두 침울해 했다. 짐을 들고 길을 건너와 주유소 휴게실에 걸터앉았다. 팀장인 내가 잘못 결정한 탓에 괜히 우리 팀과 상대방에게 좋지 않은 영향을 끼쳤다고 생각하니 너무나 속상했다. 우리 마음을 아는지 모르는지 하늘은 어두컴컴해지기 시작했다.


택시는 너무 비싸고, 버스는 노선이 생소했다. 그러던 와중에 인도 아저씨가 우리를 태워 주어 한인타운으로 곧장 올 수 있었다. 얼마나 감사했는지 모른다. 우두커니 짐을 지키고 서 있는데 저

멀리서 엄지를 치켜세우며 두 사람이 오고 있었다. 아주 잠시 동안 1달러짜리 햄버거가 생각나서 온몸에 소름이 돋았다. 그들의 손에 들린 건 오늘 일자 한국일보였다. 신문 1면에 샌프란시스코 이정관 총영사님과 함께 찍은 우리 사진이 실려 있었다. 모두 신기해서 쳐다보고 있는데, 귓가에 나직이 들리는 소리에 다시 한 번 크게 놀랐다.

"식당 사모님께서 우리보고 밥 먹고 가라고 하셨어!"

아침에 샌프란시스코에서 시리얼을 먹은 이후 물 한 모금도 못 마신 우리는 환호성을 지르며 식당으로 향했다. 감사하다는 말도 꺼내기 전에 잔말 말고 어서 밥을 먹으라고 했다. 그래도 우리

소개를 했더니 이미 신문을 통해 알고 계신다고 했다. 신문 덕분에 우리가 하는 활동을 보고 기특하다고 생각했다는 것이다.

외국인들이 많이 찾는 한국형 고기뷔페였다. 영업 종료시간이 다 되어 손님들이 식사를 거의 끝내고 있었다. 우리도 눈치를 보며 고기를 구워 서둘러 먹기 시작했다. 그런 우리를 보고 웃으며 천천히 많이 먹어도 된다고 했다. 게다가 우리가 눈치를 보는 걸 알고는 오히려 고기를 더 가져와서 먹으라고 불판에 올리셨다.

먹지도 마시지도 못하고 오해와 상처로 인해 오늘은 정말 힘들었다. 그런데 우리를 반겨 주시는 모습에 집 생각이 날 정도였다.

"새너제이에는 숙소가 하나밖에 없는데 비싸서 부담스러울 거야. 하지만 내가 전화해 뒀으니 싸게 해 주실 거야. 그리고 이틀치 숙박비는 이걸로 해결할 수 있을 거야."

하며 봉투를 내미셨다. 멈칫했다. 받을 수 없다고 사양했지만 우리 상황도 상황인지라 결국은 쥐어 주시는 그 마음을 거절할 수가 없었다. 우린 그분들께 깊이 고개 숙여 감사했다.


숙소에 도착해 보니 카운터에서 내일 아침은 제공해 줄 수 없다고 했다. 할인된 금액을 내면 아침을 주겠다는 것이다. 매니저의 지시라며 카운터에 있는 분은 내일 아침에 다시 이야기해 보라고 했다. 우리는 숙박비라도 할인해 줘서 감사했고, 내일 아침 공연을 위해 피로를 푸는 것이 우선이었다. 다음날 아침, 매니저가 우리에게 무슨 활동을 하는지, 혹시 차를 운전하고 왔느냐고 물었다. 뜬금없는 질문에 우리는 전혀 그럴 수 없는 상황이며 활동 취지를 설명했더니 믿기 어려운 말을 꺼냈다.

"예전에 어떤 대학생들이 뭔가 활동을 한다며 큰 차를 몰고 왔었어요. 무척 반가워서 와인도 몇 병 줬지요. 그런데 밤늦게까지 술을 마시고 떠들어 옆방에 피해를 끼쳤어요. 늦게 일어나기까지 하고 활동하는 모습은 못 본 거 같아요. 정말 많이 실망해서 그 이후로 대학생들이 무슨 이야기를 해도 부정적으로 바라보게 되더라고요. 어제도 그런 생각이 들었죠. 숙박비는 사모님과 통화해서 할인했으니 식사는 빼버리라고 말했어요. 그런데 이 팀은 새벽 일찍 일어나서 준비하는 것을 보니 많이 다르네요. 내가 생각이 짧았나 봐요. 오해해서 미안하고, 아침은 당연히 포함이니까 든든히 먹고 활동하고 오세요."

사실 한국에서도 비슷한 이야기를 몇 차례 들었었다. 그래서 후원이 진행될 뻔하다가 멈췄었다. 누가 어떤 활동을 진행하다가 그랬는지는 모르지만, 우리가 피해를 입게 된 것이다. "대학생들이 해외에 가서 하는 활동은 결국 본인들을 위한 것 같아서 더 이상 지원하지 않기로 했습니다"라는 말을 듣고, 그때 받은 충격이 한동안 가시지 않았었다. 그렇다면 우리가 더 분별 있게 활동을 해야 다음의 누군가에게 힘이 될 수 있다고 생각하니 더 책임감이 생겼다. 매니저한테도 그렇지 않은 학생들이 많으니 너무 염려하지 말라고 말씀드리고 감사하게 아침을 먹었다.


오늘은 샌프란시스코에서, 아니 미국에서 가장 규모가 큰 한인학교에서 공연을 했다. 운 좋게도 바자회 행사가 겹쳐 학부모들도 모두 참석했다. 서명도 가능하게 된 것이다.

드디어 밴쿠버를 떠나 처음으로 우리끼리 진행하는 행사. 오늘은 약속시간 전에 도착해서 선생님들에게 인사를 했다. 곧바로 11시 공연 준비를 했다. 다음 세대의 주인공들에게 동해바다와 독도 그리고 한국 전통문화를 알린다는 마음가짐으로 무장했더니 더 긴장되었다.

공연은 시작부터 반응이 좋았다. 테니스장 정도의 공간에 아이들과 학부모들이 자리를 잡았다. 아이들은 우리 공연을 보면서 정말 기뻐했다. 또랑또랑하게 바라보는 눈들이 얼마나 귀여웠는지 모른다. 미국에서 태어났거나 살아가고 있는 2세대 아이들이라 한국말이 어색했다. 그런데도 아리랑과 애국가를 따라 부르는 모습은 근래에 경험한 그 어떤 순간보다 값진 것이었다. 이런 장면을 다른 누구에게 보여 주지 못하고, 렌즈에도 담지 못하는 점이 안타까울 따름이었다.

이제는 우리도 익숙해져 공연을 성공적으로 마쳤다. 아이들은

탈에 큰 관심을 보였다. 사진을 찍을 때 서로 탈을 쓰려고 난리였다. 그런 모습도 어찌나 귀엽던지. 사실 오늘 학부모와 선생님들에게 받은 서명은 많지 못했다. 그렇지만 우리는 서명만큼 중요한 것이 우리 미래를 짊어질 아이들이라고 생각했다. 그것이 장기적으로 아름답고 올바른 추억을 남겨 주는 것이니까 한없이 보람되기만 했다.


# 여행이라고 생각했다면
# 시작할 수 없었을 거야

in 샌프란시스코


냉기가 벽과 바닥을 뚫고 스며 들어왔다. 그러나 사람의 마음을 덮고 잔다는 기분은 신기하게도 그런 것쯤은 별 것 아니게 만들어 주었다. 샌프란시스코로 돌아온 날 영태가 친구 오드리에게 연락해서 빈 방을 얻을 수 있었다. 그 친구는 주인아주머니에게 빈 방을 무료로 빌려도 되는지 여쭤 봐 주었다. 그분도 흔쾌히 허락하셨다고 했다. 게다가 이불과 허기를 채울 음식을 챙겨 주어 얼마나 고맙던지.

불고기덮밥을 끝으로 못 볼 줄 알았던 태호 형이 차에 이불과 난로까지 챙겨왔다. 우리가 따뜻하게 머물 수 있도록 말이다. 우리는 가방으로 벽의 냉기를, 이불로 바닥의 냉기를, 그리고 태호 형이 사온 맥주로 마음속의 냉기를 이겨냈다.

대금과 소금은 사물놀이에 비해 많이 알려지지 않은 악기지만, 우리는 한국의 또 다른 음악을 들려주고 싶었다. 아침부터 샌프란시스코 번화가에서 공연을 시작했다. YTN 정용진 기자님이 우리를 취재하기로 했다. 국내에서 방송이 된다니, 한 사람이라도 본다면 동해에 대해 시급함을 알릴 수 있으니 소중했다.

우리는 온몸으로 열정을 다해 탈춤을 췄다. 동작도 크게, 소리도 크게 냈지만 별다른 호응이 없었다. 맞은편에 있는 힙합 할아버지, 할머니 공연 때문이었다. 게다가 비보이 청년들까지 가세해 사람들의 관심을 끌지 못했다. 다행히 오전 일찍부터 시작했기 때문에 이따금 우리에게 관심을 보이는 사람들에게 서명을 받았다. 그러나 읽어 보고 그냥 지나가는 사람들이 대다수였다.

분명히 한국 사람인데 서명을 부탁해도 모르는 척하는 젊은이들도 있었다. 한편 외국인 친구들을 데리고 와서 직접 설명해 주며 서명에 동참시키는 한국인 친구들도 있었다. 외국인들의 반응도 가지각색이었다. 우리 설명을 듣고 일본 편을 들기도 했고, 이런 서명이 어떻게 도움이 되는지 알고 싶어 하기도 했다. 읽지도 않고 서명해 주기도 했으며, 오랜 시간 설명을 해 주면 그럴 수도 있겠다며 서명해 주는 사람도 있었다. 해가 질 때까지 물 한 모금 마시지 못했다. 그런데 거리 공연도 만족스럽지 못했으니 마음까지 축 처졌다.


"평생에 한 번 할지 말지 하는 세계 일주잖아. 남들은 어떻게든 더 많은 곳을 관광하려고 하지. 그런데 너희는 취업도 미루고 국민을 대신해서 하루 종일 고생만 하네. 내일은 떠나야 하니까 오늘 저녁은 야경이라도 보러 가자."

우리가 정말 외국에서 활동하고 있다는 사실을 듣고서 그제야 답장이 오고 스케줄이 잡히기 시작했다. 그래서 당장 연락해야 할 곳들이 남아 있었는데 불고기를 사 주신다는 말에 그만 마음이 움직여 버렸다.

커피를 마시며 야경을 보고, 배가 터지도록 고기를 먹었다. 합리주의자가 봤을 때 우리는 정말 어이없이 시간과 자금을 낭비하는 모습으로 비춰지겠지. 그런데 가끔은 비합리적인 것이 더 인간적인 것 같다. 더 행복하고 말이다. 원래 바보가 행복하다.

# 나와 나의 의사소통,
# 그건 생각이었어

in 로스앤젤레스

서명을 진행한 지 2주쯤 지나면서 우리는 함께 서명운동을 진행할 단체들을 찾았다. IHO에 서명 책자를 들고 가서 제출하는 것이 우리 목적이었기 때문에, 혹시 우리와 함께 각 지역에 있는 분들이 서명운동에 동참해 주면 더 많은 서명과 효과를 얻을 수 있지 않을까 생각했다.

그래서 밴쿠버에서 이틀 연속 비가 세차게 내리던 날, 비전유학원 사무실에 앉아 우리는 전 세계의 한인회, 유학생회, 한글학교, 정부기관 등을 일일이 찾아 메일을 보냈다. 서명지를 출력해서 서명을 한 뒤 팩스나 우편, 혹은 사진을 찍어서 보내 줄 수 있는지 문의했다. 그러면 우리가 자료를 프린트해서 IHO 총회에 제출할 수 있으니까 말이다.


수십 개의 메일이 주소를 찾을 수 없다며 반송되었고, 답장이 온 곳은 몇 군데밖에 안 되었다. 그것도 우리가 일정에서 제외했던 지역에서. 곧 만나게 된 윤난향 회장님은 아직 미확정인 우리 일정을 짜는 데 큰 도움을 주셨다.

"동해수문장이 잡은 일정이 있으면 그대로 하고, 남는 날은 내가 잡은 대로 움직이도록 해요."

우리의 목표가 '서명운동'이라는 것을 아는 회장님은 한인 타운,

마트, 한인 교회, 해변가 등 사람들이 많이 모이는 곳을 제안하셨다. 우리 역시 귀중한 시간을 그냥 거리에서 낭비하고 싶지 않았기 때문에 찬성했다. 우리가 메일로 각 지역에 미리 연락을 한 이유는 현지에 거주하는 분과 함께 활동할 때 서명운동을 가장 효율적으로 진행할 수 있기 때문이다. 이렇게 한 분의 도움이 얼마나 큰지 다시 한 번 온몸으로 느끼고 있었다.

그리고 해외한민족대표자협의회 의장이신 뉴스타 부동산 남문기 회장님을 찾아뵈었다. 우리가 도착하자 남문기 회장님은 두 팔을 벌려 반갑게 맞아 주셨다. 동해 표기와는 직접 연관이 없는 분 같았는데, 알고 보니 독도 화백이신 권용섭 선생님에게 개인 화실도 내어 주고 활동을 후원하고 계신다고 했다.

"남 회장님! 애들 잘 곳이 없다는데 혹시 사무실에서 자면 안 될까요? 저기 권 화백님 화실에서 자도 괜찮잖아요. 애들 여유 자금도 없이 비행기 티켓만 달랑 들고 와서 저한테 난방 안 되는 사무실이라도 좋으니 재워 달라고 연락이 왔지 뭐예요. 그래서 기특한 마음에 데리고 왔어요."
"그래요? 황 비서, 권 화백한테 전화 좀 해 봐. 음, 여기 회의실에서 자는 것도 나쁘진 않은데 말이야."


아무리 생각해도 지금 우리는 여기저기 폐를 끼치는 것이 분명했다. 안 그래도 팀원들의 표정을 보니 '이건 아니야'라는 생각을 하는 것 같았다. 회장님은 잠시 통화를 하고 나오셨다.
"그냥 근처 호텔에 가면 안 되나? 몇 블록만 가면 호텔이 있는데, 나랑 친한 분이고 또 이렇게 좋은 취지라고 도움을 주고 싶다 하시네. 내가 도와주고 싶지만 비례대표가 걸려 있어서 안 되겠네. 윤난향 회장님과 호텔 사장님, 그리고 너희가 각각 1/3씩 계산하는 걸로 하지. 어때? 그리 부담되는 가격은 아닐 테니, 차라리 일주일 정도 편하게 샤워하고 침대에서 자는 게 좋을 것 같은데."
우리 또한 그렇게 하는 것이 훨씬 좋았다.
정말 그간의 피로가 녹아내릴 것 같은 아름다운 방이었다. 새하얀 침대에 놓인 베개들은 우리에게 환한 미소를 지으며 손을 벌리고 있었다. 뜨거운 물로 샤워를 하며 쌓인 피로를 씻어냈다. 그리고 푹신푹신한 침대에 누우니, 걱정도 잡생각도 나지 않고 세상모르고 잠이 들었다. 두 분이 도와주셔서 호스텔보다 조금 더 저렴하게 방 2개에 샤워 시설까지 그야말로 완벽했다.
단 이틀 밤이지만 새너제이에서 편안하게 지냈다. 그런데 이곳에서는 일주일을 머무를 예정이고 방은 2개, 침대가 3개, 게다가

화장실도 2개가 있으니 천국이 따로 없었다. 인터넷도 사용할 수 있었으니 일정 조율도 편했다. 출국한 지 3주 만에 완벽한 휴식을 취하게 되었다. 전날 버스에서 자는 둥 마는 둥 피곤했는지 우리는 순식간에 깊은 잠에 빠져들었다.

첫날 약속한 대로 우리는 허태완 영사님을 다시 뵙기 위해 영사관으로 향했다. 그런데 갑자기 신연성 총영사님까지 뵙게 되어 잠시 대화를 나누었다. 총영사님은 이전에 동북아역사재단을 맡으셨는데, 동해 표기를 제안하던 당시에 일선에 계셨던 분이었다.

"일본이 우리 정부에 대놓고 왜 대학생들까지 이용해서 활동하느냐는 식으로 시비를 걸면 할 말이 없지. 참 안타까운 일이야. 그래서 자네들이 고생이 많구먼. 나는 자네들의 활동이 정말 고마워.

정부에서는 전면전으로 나서기에는 무리가 있는데, 그런 부분을 잘 파고들어 주니까 좋지 않은가. 지난 20년 동안 정부도 국제수로기구를 통해 표기 정정을 하려고 노력하고 있어. IHO뿐 아니라 세계 각국의 지도 출판사나 학술기관 등에 동해 표기를 알리는 것도 중요하니 앞으로 활발한 홍보 활동을 부탁하네."

국내에서 준비하던 당시에는 후원 협조가 이루어지지 않아 야속하기만 했다. 하지만 외국에 와서 활동하면서부터는 생각이 달라졌다. 특정한 곳에서 도움이나 지원을 받으면 오히려 대학생의 순수성이 반감되지 않았을까. 그렇지만 밥 한 끼 사 주겠다는 말씀은 언제나 감사하게 받아들였다.


로스앤젤레스에 도착한 후 처음 비가 내렸다. 시원하게 폭포처럼 쏟아져 오늘 예정된 서명 활동을 할 수 있을지 가늠이 안 되었다. 더구나 외부에서 진행해야 하는데 걱정이 앞섰다.

우선 비가 그치는 대로 사무실로 오라는 윤 회장님의 말씀을 듣고 기다리고 있었다. 그런데 날씨가 우리를 도와주려는지 10시쯤 비가 그치기 시작했다. 조금 늦었지만 마트에서 서명운동을 진행했다. 그렇게 단 하루 만에 1천 명의 서명을 받은 날이 시작되고 있었다.

공연 준비는 했지만 장소가 없어 우리는 각자 자리에 서서 서명을 받았다. 설 전날이라 마트에는 끊임없이 손님들이 왔다. 우리와 마트 모두에게 천금 같은 대목이었다. 다들 점심 먹을 생각도 하지 않고 3시가 넘도록 쉬지 않고 서명을 받는 모습을 보고, 오히려 주변에서 일하던 분들이 빵과 커피 등을 먹고 하라며 격려해 주었다. 다시 오지 않을 기회인 것 같아 쉴 수가 없었다. 우리는 한 명씩 번갈아 가며 빵과 커피를 먹고, 갖다 주신 분들에게 감사하다는 인사를 했다.

그런데 4시가 넘어가면서 서명지가 바닥을 보이기 시작했고, 5시가 되기 전에 서명지를 다 써버렸다. 어제 총영사관님을 만나면서 인터뷰한 내용이 한국일보, 중앙일보에 실렸다. 또 많은 분들이 격려해 주시니 더 힘이 나고 보람이 있었다. 지난 3주간 받은 서명보다 오늘 하루에 받은 양이 더 많았으니까 엄청난 하루였다.


"누구의 허락을 받고 여기서 공연합니까?"

로스앤젤레스 경찰이 다가와 다짜고짜 나가라며 허리춤에 손을 얹었다.

"저희는 박물관 담당자로부터 이미 촬영 허가도 받았습니다. 자, 보세요, 여기 확인증이 있지 않습니까?"

"촬영만 가능한 것이지 이렇게 공연을 하고 또 특정 국가와 정치적인 활동을 허락할 수 없습니다."

"아니, 우리가 정치적인 시위를 하는 것도 아니고, 공연을 보여주는 것인데도 안 됩니까?"

"죄송합니다. 저는 박물관 측으로부터 신고를 받았기 때문에 지금 당장 나가도록 조치를 취해야 합니다."

어쨌든 미국은 경찰에게 대든다는 것은 용납이 안 되는 나라였다. 우리 역시 고분고분 따를 수밖에 없었다.

다음날 베니스 해변을 찾았다. 시내에서 해변까지 가는 데 40여 분. 한국의 해변과는 다른 풍경을 지닌 이곳에서 오랜만에 야외 공연을 했다. 탈춤, 대금, 소금은 이제 눈 감고도 공연이 가능할 정도는 되었다. 다만 샌프란시스코에서의 거리 공연과 마찬가지로 생소한 이들에게 관심을 얻는 것이 무척 어려웠다. 이제부터는 거리보다는 실내 활동을 해야겠다는 생각이 들었다.


## 노스탤지어의 한반도

in 보스턴


사실 영국은 아메리카 식민지에 대해 너그러운 정책을 폈다고 한다. 그런데 18세기 중엽부터 시작된 재정난을 영국은 식민지의 세금으로 해결하고자 했다. 영국의 조지 3세는 신문, 책, 공문서, 학위증명서 등 수많은 것에 인지세를 붙였다. 그러나 영국

상품 불매운동이 벌어져 3개월 만에 폐지되었다. 그러던 중 차에만 과세를 하였는데, 동인도 회사에 독점권과 면세 특혜를 주면서 아메리카 출신 상인들이 모조리 망했고, '보스턴 차 사건'이 발생했다.

'자유의 아들들(Son of Liberty)'은 미국이 영국으로부터 독립하기 전 북아메리카 13개 식민지 애국 급진파의 통칭이다. 새뮤얼 애덤스의 주도 하에 보스턴의 주민 50명은 1773년 12월 6일 보스턴 항으로 향했다. 그들은 아메리카 토착민인 모호크족으로 변장을 했고, 배에 실린 수백 상자의 차(Tea)를 부수기 시작했다.

우리는 미국이라는 나라의 기틀이 열렸던 보스턴에 도착했다. 베이스캠프는 로스앤젤레스에서 소개받은 브룩라인 지역의 민박이었다. 기상 여건이 좋지 않아 밤새 비행기가 흔들려 잠을 한숨도 못 잔 터라 다들 지쳐 있었다. 게다가 가을이었던 로스앤젤레스에서 눈이 내리는 보스턴으로 이동한 탓에 너무 추웠다. 그래서 너나 할 것 없이 뜨거운 물에 샤워를 하고 그대로 곯아떨어졌다. 서너 시간쯤 자고 일어났는데 몸살이 났는지 힘들어서 못 나가겠다는 성민 형을 두고 나머지는 밖으로 나갔다. 보스턴에서의 공연 계획을 세우기 위해서였다. 우리는 하버드 스퀘어, 하버드 대학, 시내를 돌아다니며 공연할 장소와 사람들이 많이 모이는 곳을 찾아 다녔다.

그러나 공연할 만한 장소는 없었고, 조언을 구할 겸 이곳에서 공부하고 있는 친구 수미를 만났다. 그녀는 반갑다며 커피를 사 주었다. 마땅한 공연장소를 찾지 못해 카페에서 잠시나마 여유로운 시간을 보냈다. 우리는 말없이 창밖만 바라보고 있었다.

오늘은 보스턴에서 가장 큰 두 가지 일정을 소화해야 하는 날이

었다. 이곳에서는 H마트라고 불리는 대형 마트에 가서 서명운동을 진행하는 거였다. 도와주기로 한 이미미 지점장님을 만나보고 피켓과 태극기, 그리고 서명지 등을 세팅하기 시작했다. 로스앤젤레스 한남체인 이후 첫 대형 마트였다. 과연 그때만큼의 성과를 얻어 낼 수 있을까? 우리 모두 기대를 하고 있었다.

로스앤젤레스에는 대부분 한국인이었는데, 이곳에는 외국인의 비율이 30% 정도 되었다. 그들에게 동해에 대해 설명하는 것이

간단한 일이 아니었다. 그들 중 절반은 서명에 동의해 주지 않았지만, 그만큼 보람 있는 일이라 생각했기 때문에 기분 좋게 진행해 나갔다.


서명 활동을 마치고 신년 행사장에 도착해 보니 총영사님을 비롯하여 고등학생 대한민국 알리미, 각 단체협회장님 등 많은 분들이 와 계셨다. 그런데 조명이 너무 어두워서 서명을 진행할 수 있는 분위기가 아니었다. 간단히 우리 소개를 마치고 식사를 시작했고, 한동안 화기애애한 분위기가 무르익어갔다.

어느 정도 식사가 끝나갈 때쯤 우리는 홀 오른편에 모여 계신 분들에게 다가갔다. 피켓과 태극기를 들고 갔기 때문에 시선이 우리에게 모아졌다. 테이블 앞에서 우리는 정중하게 고개 숙여 인사했다. 그렇게 만나뵙고 싶었던 한국전쟁 참전용사님들을 드디어 만나게 되었다.

특히 동해수문장 이전에 참전용사님들을 만나기 위해 정부기관, 외국까지 수소문했지만 결국 포기해야만 했던 터라 무척 감격스러웠다. 그분들께 악수를 청하고 포옹을 하며 정말 만나뵙고 싶었다는 말씀을 전했다.

함께 사진을 찍어도 된다는 허락을 해 주어 우리는 피켓을 들고 할아버지들 뒤로 이동했다. 한 할아버지는 손가락으로 철원을 가리키면서 이곳에서 전쟁을 치렀다고 말씀하셨다. 다른 분들도 각자 지도를 가리키면서 그때를 떠올리는 듯했다. 그분들은 우리에게 고맙다며 동해바다를 응원한다고 했다. 그리고 자유의 아들들의 마음을 이어받은 할아버지들께서 마지막으로 건네신

한 마디가 잊혀지지 않는다.

"한국 사람들은 우리를 잊어버려도, 우리는 언제나 대한민국 편입니다."

## 세상의 중심에서 외친 동해

in 뉴욕

새벽 4시쯤 우리는 어딘지도 모르는 뉴욕 거리 한가운데에 내려야만 했다. 버스는 이미 시야에서 사라진 지 오래였다. 동이 트기 전, 빌딩 사이로 부는 바람은 매우 거칠게 우리를 위협했다. 옷을 껴입어도 살을 에는 듯한 바람에 잠시라도 들어가 있을 곳을 찾았으나 문이 다 잠겨 있었다. 그러다가 편의점을 발견했고, 모두 그쪽으로 자리를 옮겨 양해를 구하고 몸을 녹였다.

뉴욕의 숙박비는 비싸도 너무 비쌌다. 어제까지도 우리는 정말 노숙을 해야 할 상황이라고 생각했다. 그 숙박비를 지불할 수는 없었기 때문이다. 그런데 신년회에서 만난 분이 뉴욕에 계시는 퀸즈한인회 이명석 회장님이 도움을 주실 거라며 연락처를 알려 주었다. 그래서 어제 미리 연락을 드렸는데 가능할 것 같다는 답을 주셨다. 확답을 받은 것이 어제 버스를 타러 가기 몇 시간 전이었다.

"뉴욕 시내와 거리는 꽤 멀지만 그곳에 빈집이 있으니 청소만 하면 충분히 머물 수 있을 겁니다."

우리는 걸레질만으로 폐가 같은 곳을 거의 새집으로 만들었다.


총영사관으로 향했다. 언제나 우리를 반겨 주셨던 윤영진 영사님과 김영목 총영사님을 함께 뵙고 조언을 듣는 시간을 가졌다.

"자네들이 하는 활동이 무언가 바꿀 수 있을 거라고 기대하지는 말게."

갑자기 총영사님의 따끔한 말씀에 깜짝 놀랐다. 뭔가 언짢은 듯한 표정이 역력했다. 마치 우리가 뭔가 잘못했다는 것처럼. 그리고 말씀을 이어가셨다.

"그런데 자네들 왜 메일 답장은 안 했는가? 그런 식이라면 차라리 여행이나 한다는 생각을 하는 게 좋을걸세."

"네? 메일이라니요…."

그렇게 절실했는데 우리에게 연락이 왔다면 몰랐을 리가 없었

다. 무슨 말씀인지, 아무튼 나로서는 처음 듣는 말이어서 꽤 충격적이었다.

"평통 김기철 회장님과 이야기하면서 자네들 활동을 좀 도와줄 수 있겠느냐고 물었었네. 흔쾌히 알겠다고 하셨지. 그래서 메일로 언제 어떻게 무슨 도움이 필요한지 알아보려고 연락을 했는데 답장이 없더군. 계속 없길래 그냥 없던 일로 하기로 했지. 아무리 그래도 그런 식으로 활동해서야 되겠는가?"

그럴 리가 없다고, 뭔가 오해가 있으신 것 같다고 말씀드렸다. 그러나 지난 1월 17일에 보냈다며 윤영진 영사님이 프린트해 준 출력물에는 우리 중 한 명의 주소가 적혀 있었다. 아, 얼마나 황당하고 안타깝고 죄송했는지 모른다. 1초도 지나지 않아 모두 고개를 숙이고 사죄드렸다. 이유야 어찌되었든 우리 실수로 인해 도움을 주시기로 한 분들께 폐를 끼쳤던 것이다. 사회에서 깨진

신뢰를 회복하는 건 불가능에 가까우니 우린 거듭해서 불찰에 죄송하다는 말씀을 드렸다. 그럼에도 김영목 총영사님은 다시 너그럽게 말씀하셨다.

"평통에 연락해서 이 친구들 왔으니 오늘 저녁 밥이라도 사 주라고 하게. 최선을 다해 할 수 있는 데까지는 도움을 줘야 하지 않겠어?"


"어~ 그래, 왔어?"

"그래, 우선 들어가자. 아, 배가 고파서 안 되겠어."

만나자마자 따뜻하게 반겨 주시는 아저씨들을 따라 들어갔다. 이름 그대로 '동해수산'은 횟집이었다. 동해수문장이니 동해수산과 잘 어울린다는 농담을 건네며 분위기를 편하게 만들어 주셨다. 한 분이 더 오실 테니 천천히 소개하라고 했다. 우리는 죄송하다는 말씀부터 전해야 했다.

"괜찮아, 괜찮아. 뭐 어찌되었든 만났으니까 밥도 먹고 좋지, 안 그래?"

서글서글한 웃음과 활달한 목소리로 반겨 주며 그렇게 심각하게 생각할 것 없다고 말씀해 주신 박호성 아저씨. 뉴욕 민주평통 부회장님이시다. 곧 한 분이 더 오시고 나온 밥상에 우리는 입이 떡 벌어졌다.

"신경 쓰지 마. 자네들 온다고 해서 우리가 앞으로 한 사람씩 밥이라도 사먹이려고 하니 그렇게 알아. 그런데 술 좀 할 줄 아나?"

온갖 회가 나오고 밑반찬도 계란찜부터 새우튀김까지, 첫사랑을 우연히 다시 만난 듯 심장이 마구 뛰기 시작했다. 그런데 우리는 활동하면서는 되도록 술은 자제하고 있었다.

"그래서? 못 마신다고?"

"아닙니다. 한 잔만 받겠습니다."

우리는 예의상 한 잔씩만 받으며 공손히 잔을 기울였다. 식사를 하면서 우리의 지난 일들을 들려 드렸다. 물론 우리 실수로 불편을 드린 것에 대해 다시 한 번 사과드렸다. 아저씨들은 너그럽게 받아 주셨다. 정치, 사회, 그리고 다양한 한국과 미국 문화에 대해 이야기를 나누었다. 젊게 사시는 뉴욕 평통 아저씨들의 모습은 우리에게 다시 힘을 낼 수 있는 계기가 되었다. 길도 모르면서 어떻게 가느냐고 택시비를 쥐어 주셨다. 뉴욕에서 머무는 동안 아르바이트 자리까지 마련해 주신 아저씨들의 따뜻함에 다시 한 번 고개 숙여 감사드린다. 그 덕분에 모두 아르바이트를 하며 자금을 확보할 수 있었다.

3주 전부터 유엔대표부에 반기문 총장님과 만날 수 있는지 문의
했었다. 그런데 비공개 자리라도 정치적 측면에서 특정 국가의
손을 들어주는 모습은 좋지 않다는 답변을 들었다. 아쉬워하는
우리에게 유엔대표부에서는 동해 표기에 대해 질의응답 겸 논의
를 해 보는 것도 중요하지 않겠느냐며 방문 제안을 해 주셨다.

"안녕하세요, 유기준 참사관입니다. 동해수문장 남석현 팀장인
가요?"

"네. 메일로 전화로 귀찮게 해 드리다가 이제야 만나뵙고 인사드
립니다. 안녕하세요, 남석현입니다."

"오시느라 고생 많으셨습니다. 올라오시지요. 이쪽입니다."

무척 친절하면서도 똑 부러지는 젠틀한 이미지의 유기준 참사관

님을 따라 회의실로 갔다. 유엔대표부 회의실에 앉아서 잠시 감격해 하는 동안 동해/독도 DVD를 켜면서 먼저 시청하고 난 후에 서로 질의응답을 해 보면 좋겠다고 말씀하셨다. 동북아역사재단에서 만든 이 DVD는 동해바다와 독도의 정당성에 대해 잘 정리해서 알려주는 내용이었다. 영문 버전도 있어서 실내 공연을 할 경우 우리에게 큰 도움이 될 것 같아 여쭤 봤는데, 하나 남은 게 있다며 선뜻 주셨다. 오늘 나눈 많은 대화 중 기억에 남는게 있다.

"아직 20년밖에 안 되었으니, 동해바다와 독도 문제에서 우리가 졌다고 생각하지 않았으면 좋겠어요."


한국문화박물관을 방문했다. 우리에게 한복을 후원해 주신 이영희 디자이너님이 뉴욕에 만들어 놓은 곳이었다. 성정숙 관장님과

인턴으로 일하는 재영이라는 친구가 있었다. 2월 11일, 세미나 프로젝트를 성공시키기 위해 의논할 것들이 있었다. 장기적인 관점에서 분명 좋은 길을 열어 갈 수 있을 것이라 생각했다.

뉴욕에서는 8월 유엔지명표준화회의가 개최되는데, 이는 IHO 총회와 더불어 동해 표기에 대한 가장 권위 있는 국제회의였다. 물론 각 회의에서 수많은 안건을 다루는데, 그 중에 동해도 포함되어 있었다. 유엔지명표준화회의는 1992년 우리나라가 처음으로 동해바다 표기에 대해 국제사회에 제기했던 회의이기도 하다. 그래서 뉴욕의 각 분야 전문가들이 어떤 방식으로 어떻게 접근해 나갈 때 가장 효과적으로 동해 표기를 지지할 수 있을지 의논하는 자리를 만들고 싶었다. 우리가 한 번쯤은 직접 구성하는 것도 필요하다고 생각했다. 그래서 뉴욕에서 도움을 주셨던 많은 분들에게 떠나기 전 한 번 더 인사드리는 자리를 마련하자고 설득했다. 그리고 그분들 간의 시너지도 분명 생겨날 거라고 믿었다. 재영이는 주말 여행 계획을 취소하고 우리를 도와주어 정말 고마웠다.


"아~리랑~ 아~리랑~ 아라~리~요~"
강당을 울리는 소리와 함께 아침부터 탈춤을 췄다. 미국 공립 초등학교에서 미국 아이들에게 동해와 한국 문화를 소개하기 위해 방문했다. 뉴욕한인학부모협의회 최윤희 회장님이 도움을 주셔서 얻은 귀중한 시간이었다. 사실 미국 공립 초등학교에서 외국인들이 공연을 한다는 것은 거의 있을 수 없는 기회라고 했다. 우리의 퓨전 탈춤을 외국 아이들에게 멋지게 보여 주기 위해 손과

몸을 더 크게 움직였다. 모두 처음 보는 탈춤에 대해서 많은 관심을 갖고 환호했다. 이제 대금, 소금, 기타 아리랑 합주만 하면 우리 공연이 끝나는데 최윤희 회장님이 급하게 나를 찾으셨다.

"국악원 팀이 길이 막혀서 늦는데요. 동해수문장이 시간을 더 벌어 주면 좋겠는데 가능하겠어요? 지금 언제 올지 모르겠어요."

그런 연유로 우리는 급하게 공연 시간을 늘려야 했다. 만일 어설프게 마무리하거나 시간이 많이 남으면 전체 프로그램에 대해 실망하게 된다. 문득 떠오르는 생각이 있어서 대금, 소금 불어보기 이벤트를 진행하기로 했다. 정관이가 대금, 소금에 대해서 설명한 후에 내가 간단하게 소리를 들려 주었다. 그리고 이렇게 한 마디 던졌다.

"혹시 불어 보고 싶은 친구들 있나요? 그럼 손들어 보세요."

"와, 저요, 저요!"

엄청난 반응이었다. 앉아 있던 아이들이 너도 나도 손을 들고 소리를 질러댔다. 나는 당황했지만 선생님들에게 부탁해서 10여

명의 아이들이 무대에 올라왔다.

"이렇게 입술을 대고 소리를 내면 돼요. 자, 한번 해 볼까요?"

아이들은 소리를 내려고 애를 썼지만 잘 안 되자 의자에 앉아 있던 아이들이 모두 서서 무대를 바라보았다. 다들 더욱 호기심이 생겼나 보다. 그렇게 20여 분이 지난 후 국악원 팀이 도착했고, 준비하는 동안 마무리했다. 그리고 'Over the rainbow'를 연주하며 우리 공연의 막을 내렸다.


국악원 팀은 탈춤과 소고를 가르쳐 주었다. 오늘 이 아이들은 동해바다에 대해서 기억하지는 못하겠지만 한국 사람이 들려 주고 보여 준 공연이 잠시라도 추억이 된다면 좋겠다는 생각이 머리에 맴돌았다. 그렇다면 한국 문화를 홍보했다는 마음으로 만족할 수 있을 것 같았다.

"미국에서는 초상권이 강해서 단체사진은 잘 찍지 않아요. 그런데 정말 운이 좋게도 교장선생님께서 오늘 여러분의 공연을 너무 좋아하셨어요. 그래서 단체사진을 찍도록 허락해 주신 거예요. 다른 선생님들과 학생들도 좋아하고 교장선생님께서 이렇게 기분 좋아하시는 건 자주 못 보는데 말이에요. 다들 정말 잘했어요."


사우스 페리 역 근처에 배터리 파크가 있다. 그곳에 있는 한국전쟁참전기념비를 꼭 보고 싶었다. 마침 일정이 취소되는 바람에 가 볼 수 있었다. 우선 묵념과 절을 했고, 주위를 걸으며 감사함을 되새겼다.

그 근처에서는 무료로 탈 수 있는 페리가 있었다. 스테이튼 아일
랜드까지 출퇴근용으로 운항되었다. 그 페리는 자유의 여신상을
멀찌감치 스쳐 지나가 관광용으로도 많이 이용된다고 들었다.
평범한 수영장 정도는 가득 메울 만한 인파가 배에 올랐다.
바다 한가운데 하늘색 옷을 입고 손을 높이 올린 자유의 여신상
이 이곳이 뉴욕임을 다시 한 번 각인시켜 주는 듯했다. 정말 파
리 루브르 박물관에서 봤던 '민중을 이끄는 자유의 여신'과 꼭
닮았다.
해는 다시 밝아오고, 우리는 아침부터 서둘렀다. 뉴욕에 오면서
가장 신경 쓰면서 기획한 일을 진행하기 위해서였다. 장소 섭외
부터 내빈 초청까지 직접 진행했다. 무모한 일이라는 생각이

들었고, 팀원들도 그렇다고 말했었다. 우리는 내일 뉴욕을 떠나야 하기 때문에 열흘간 머무르며 도와주신 많은 분들과의 소중한 만남을 잘 마무리 짓기 위해 모두 초청하기로 했다.

8월에 개최될 유엔지명표준화회의를 앞두고 뉴욕의 가장 중추적인 한인들을 모셨다. 평통 김기철 회장님, 윤영진 영사님, Sal Scarlato 참전용사 뉴욕주 총협회 회장님을 비롯하여 최윤희 회장님은 힐러리 국무장관에게 보냈던 메일에 대한 답장을 읽어 주며 그간의 활동을 정리해 주셨다. 하세종 참전용사님도 관련 정보를 소개해 주셨고, 고종 황제의 손녀이신 이해경 여사님도 자리를 빛내 주셨다. 그렇게라도 모두 뵙고 말씀을 나누고, 동해 DVD를 통해 한 번 더 정확한 사실을 되짚어 보는 시간을 가졌다.


뉴욕을 떠나는 날. 오늘은 출국 때부터 도움을 주고 싶다고 연락을 주신 이준하 아저씨와 함께 했다. 한 달 전부터 약속을 해 주셨다. 아버지의 입장에서, 인생의 길을 먼저 걸어오신 선배님의

시선으로 고된 여행길에 잠시나마 쉬어 갈 수 있기를 바란다며 밀린 세탁, 맛있는 식사를 하며 피곤을 풀자고 누누이 말씀하셨다. 왕복 7시간인 펜실베이니아 주에서 오신 아저씨를 만나 우리는 격하게 포옹했다. 아주머니는 우리를 위해 김밥, 유부초밥, 빵과 야채 등을 싸오셨다.

그냥 태워 주시는 것만 해도 감사한데 이런 배려까지 해 주시니,

FROM OREN PELI, THE DIRECTOR OF PARANORMAL ACTIVITY,
AND EXECUTIVE PRODUCER STEVEN SPIELBERG
THE RIVER
PREMIERES TUESDAY FEB 7 8|8c abc
LG
Sharper, Crisper Images - LG Nitro
Disney
FOREVER
FOREVER 21
SWAROVSKI
NYC's FAMOUS
PLANET HOLLYWOOD
TIMES SQUARE
restaurant + bar
caffé bene
EastSea.com

친척을 만난 듯 편안해 우리는 차에서 모두 잠들어 버렸다.

다행히 많이 늦지 않은 시간에 집에 도착해, 모두 빨래를 세탁기에 넣고 편한 복장으로 식탁 앞에 앉았다. 맛있는 육개장을 끓여주셔서 두 그릇을 연거푸 해치운 후 두 분과 이야기를 나누느라 3시쯤 잠들었다. 두 분은 조용하게 살고 싶어 도시를 떠나왔는데 곧 식당을 차릴 예정이라고 했다.
다음날 아침 나는 먼저 일어나 커피에 와플을 곁들여 먹으면서 감탄을 하고 있었다. 그런데 스테이크에 떡국까지 배부르게 먹고 가라며 엄청난 음식을 준비해 주셨다. 우리는 든든하게 배를 채우고 다시 내외분과 함께 미국의 마지막 행선지인 워싱턴 DC로 출발했다.

# 무아지경으로 연주해 봐

in 워싱턴 DC


3시간여를 달려 워싱턴 DC 근교 메릴랜드에 도착했다. 한국에서부터 연락을 주고받았던 한미문화예술재단 이태미 이사장님을 드디어 만나뵈었다. 준하 아저씨, 아주머니와는 언제가 될지 모르는 다음을 기약하며 작별인사를 나누었다.

그리고 중앙일보, 한국일보 기자, 전 한글학교협의회 이문형 이사장님, 우태창 노인회 회장님을 뵙고 지금까지 우리 활동을 간단하게 말씀드리고 함께 식사를 했다. 내일부터 당장 시작할 공연을 위해 서둘러 이태미 이사장님 댁으로 와서 짐을 풀고 정리했다. 흔쾌히 우리에게 숙식을 제공해 주신 이태미 이사장님과 남편인 Jonny 아저씨와 맥주 한 캔을 나누며 그간의 이야기를 나누었다.


워싱턴 DC에서의 본격적인 첫 일정을 시작했다. 공연장소인 메릴랜드대학에 들어서는 순간 감탄을 하지 않을 수 없었다. 학교는 점심시간이었고, 수많은 외국인들이 캠퍼스에 있었다. 한미문화예술재단에서는 김밥만들기, 떡썰기, 판화그리기, 윷놀이와 제기차기 등을 준비했다. 문화와 접목하여 동해를 홍보하는 것이니 더할 나위 없이 좋은 콘셉트였다.

가장 인기가 많은 프로그램은 김밥만들기였다. 한국 문화에 관심 있는 외국인들이 참여했다. 우리도 덩달아 송편과 꿀떡, 인절미 등 오랜만에 떡을 맛볼 수 있었다.

"저기, 잠시 인터뷰 가능한가요?"

커다란 방송용 카메라를 들고 인터뷰를 하겠다는 분이 찾아왔다. KBS 특집 다큐멘터리로 방영된 '작전명 : 동해를 구출하라'의 이인수 감독님이었다. 사실 그때는 준비도 없이 막 떠오르는 대로 이야기를 했다. 나중에 그 장면이 뉴스와 다큐멘터리에 나오게 될 줄이야.


워싱턴 DC 한국문화원에서 공연을 하기로 했다. 동생과 유럽 배

낭여행 때 주말이라 문이 닫힌 런던과 파리의 한국문화원을 방문했던 기억이 났다. 이태미 이사장님은 설 문화 축제와 우리를 하나의 프로그램으로 엮어 공연장소와 일정을 미리 다 만들어 놓으셨다. 우리에게는 하나하나 정말 소중한 경험이었다. 특히 워싱턴 DC 한국문화원에서 동해 표기에 대한 홍보를 할 수 있는 기회가 생겼다는 것이 얼마나 자랑스러웠는지 모른다.

한창 사회활동을 하는 중년 미국인들이 많이 참석했다. 50여 석이 다 채워졌다. 대금, 소금 공연이 끝나고 분위기가 한창 무르익었다. 합주를 하면서 살짝 분위기를 보니 모두 고개를 끄덕끄

덕하고 있었다. 그들이 이제껏 보고 들은 한국 예술에 비해 초라하고 부끄럽지만 당당했다.

마지막으로 퓨전 탈춤을 선보였을 때는 모두 환호하며 박수를 쳐 주었다. 뜨거운 반응에 감사 인사를 하고, 동북아역사재단에서 제작한 동해 표기 영상을 20분간 상영하며 동해에 대한 역사적인 정당성을 소개했다.


우리는 이승민 회장님(재미 한국학교 워싱턴지역협의회 회장)과도 출국 전부터 미리 연락이 되었고, 이문형 전 이사장님과 함께 각 한국학교에서도 미리 서명운동을 진행해 주셨다. 그리고 며칠간 함께 할 일정을 잡아 주셨다. 먼저 조지메이슨대학을 방문하여 한국어 강의실에서 한국어를 배우는 미국 대학생들에게 합주와 영상으로 동해 표기의 정당성을 알렸다. 그들도 기꺼이 서명과 응원을 해 주었다.

돌아가려던 찰나에 학생식당 건물이 눈에 띄었다. 우리는 고민할 것도 없이 바로 입장을 했다. 연주는 할 수 없는 분위기여서 서명을 위해 두 팀으로 나눠 학생들이 있는 테이블로 움직였다. 공손하게 인사를 하고 양해를 구하였고, 학생들은 한복을 입은 우리 모습을 신기한 눈빛으로 바라보며 서명해 주었다.

백악관에 들렀다가 우리는 마지막 일정으로 한국전쟁참전기념비를 참배했다. 뉴욕에서 본 것과 마찬가지로 가장 대표적인 기념비였다. 한국전쟁 당시 미국 장병들의 희생이 가장 많기 때문이다. 사망 54,246명, 부상 103,248명, 그리고 실종 8,177명으로 그 들을 기억하기 위해 각 지역마다 기념비가 세워져 있다.

실제로 참전 21개국, 다양한 지역에 한국전쟁참전기념비가 세워져 있다. 그 앞에서 우리는 동해 표기를 위해 활동하지만 항상 감사한다는 마음을 간직하고 있음을 다시 한 번 새길 수 있었다.


한글을 배우러 온 아이들을 만나기 위해 나는 강당에서 공연 준비를 하고 나머지는 성민 형을 중심으로 수업시간에 아이들에게 동해 표기에 대해 설명해 주는 시간을 가졌다. 나중에 강당에

모인 아이들은 백 명은 더 넘어 보였다. 여전히 우리 공연을 좋아
해 주는 아이들과 사진을 찍으며 작별인사를 나누었다. 그리고
근처 대형 마트에서 잠시 서명을 받고 나서 하루를 마무리했다.


이튿날 학교를 방문한 우리는 12시 반부터 공연장을 사용할 수
있다는 이야기를 듣고 학교를 돌아다니며 학생들에게 홍보를 했
다. 몇몇 친구들은 우리에게 한국어로 인사를 했다. 한복전시회
에는 임금, 왕비, 상궁, 포도대장부터 새신랑, 각시, 그리고 꽃가
마까지 준비되어 있었다. 우리 역시 눈을 떼지 못할 만큼 아름다
웠다. 하물며 처음 보는 외국 고등학생들의 눈에는 어떨까?

풍부한 콘텐츠를 위해 한복종이접기, 붓글씨, 김밥, 파전만들기
도 있었다. 꼭 대단한 홀을 대관해서 공연과 전시를 하는 것이
아니어도, 이런 것이 한국 문화를 직접적으로 알릴 수 있는 방법
이라고 생각했다.

부채춤을 시작으로 토머스스톤고등학교 연주단원, 이태미 이사
장님의 북춤에 이어 우리 공연까지 보여 주었다. 그리고 미국 고
등학생들에게 동해의 중요성을 설명해 주니 고개를 끄덕여 주어
정말 고마웠다. 미국에서 초등학교, 고등학교, 대학교까지 방문
하여 한국과 동해바다를 알릴 수 있었던 점이 감사했다.

이제 마지막 하루를 남겨두고 있었다. 곧 유럽으로 출발하지만
확실하게 공연을 하기로 약속되어 있는 곳은 없었다. 게다가

유럽에서는 미국에서처럼 휴대폰을 살 여건도 안 되었다. 다른 지역에 전화하려면 국제전화라서 도저히 감당할 수가 없었다. 우리는 여전히 메일을 보내고 연락을 주고받으며 짐을 정리했다. 그렇게 마지막 밤을 보냈다.


워싱턴 댈러스 국제공항으로 달려갔다. 공항 주차장에 도달했을 때, 다들 깜짝 놀라기 시작했다. 생각지도 못한 분들이 우리를 마중 나와 주셨기 때문이다. 사실 며칠 전 나는 의문의 메시지를 받았다. 스페인으로 출국하는 날 공항으로 찾아갈 테니 팀원들에게 말하지 말라고 했다. 그래서 이태미 이사장님, 순자 이모, 이인수 감독님에게만 말씀드리고 나도 모르는 척하고 있었다. 공항으로 우리를 찾아온 분들은 바로 뉴욕에서 워싱턴 DC로 올 때 태워 주시고 하룻밤 재워 준 이준하 아저씨, 아주머니셨다. 한수 형 생일이라고 여기까지 오셔서 생일상을 차려 주신 것이다. 한수 형과 정관이는 울컥해서 눈물을 터뜨렸고, 그 장면은 KBS 다큐멘터리를 통해 전국으로 퍼져 나갔다. 사나이의 눈물은 귀국하고 나서도 두고두고 사람들에게 회자되었다. 2시간을 넘게 달려와서 우리에게 생일상 겸 점심식사를 차려 주셨다. 공항 주차장에서 대접받은 세상 최고의 생일파티였다.


비행기 아래로 미국의 수도가 보였다. 보스턴 차 사건이 있은 후 영국은 보스턴 항구를 봉쇄했다. 식민지인들은 필라델피아에 모여서 결의한 이후 1775년 4월 렉싱턴에서 전투가 벌어졌다. 영국

군과 식민지 민병대의 충돌로 식민지 아메리카의 독립전쟁이 시작되었다. 영국 군인이었지만 아메리카를 위해 싸우게 된 조지 워싱턴을 총사령관으로 삼았다. 그는 훗날 초대 대통령으로 선출되었다. 1776년 7월 4일 아메리카는 '독립선언서'를 발표했다.

"…모든 사람은 평등하게 태어났고, 창조주는 몇 개의 양도할 수 없는 권리를 부여했으며, 그 권리 중에는 생명과 자유와 행복의 추구가 있다."

이후 8년간 전쟁을 치르며 결국 1783년 아메리카 식민지 13개 주의 독립이 인정되었고, 미국이 탄생하게 된 것이다. 그리고 수도는 워싱턴 DC가 되었다. 반면 프랑스는 선대의 사치로 인해, 그리고 미국 독립전쟁에 과도한 군사비를 지원해 재정 궁핍에 빠지게 되었다. 그로 인해 프랑스에서는 대혁명의 불씨가 타오르기 시작하고 있었다.

미국이라는 나라는 우리나라 독립투사들처럼 자신들의 독립을 위해 투쟁했다. 그리고 쟁취해 낸 자유를 기틀로 삼아 지금의 강대국이 되었다. 우리는 그들보다도 더 절실하게 자유와 행복의 나라를 되찾기 위해 피땀을 흘렸다. 대한민국 국민의 국가에 대한 자긍심은 세계 어디에 내놓아도 지지 않는다. 국가에 큰일이 닥쳤을 때야 발휘되는 것은 장점이지만, 미리 준비해서 일이 생기지 않도록 하는 것도 중요하지 않을까?

그렇게 우리는 보이지 않는 곳에서 꾸준히 동해 표기가 이루어지기를 염원하는 동포들과 함께 했다. 그분들의 큰 은혜로 우리는 미국 여정을 소화할 수 있었다.

# 아리랑? 아니 마드리드 아리랑!

in 마드리드

오전 8시가 되자 공항에 사람들이 몰려들었다. 우리는 다음 목적지로 가기 위해 짐을 정리했다. 출발한 지 24시간 만에 마드리드에 도착해 추운 공항 의자에 누워서 겨우 눈을 붙였다. 짐을 지켜야 하니 한 명씩 돌아가며 깨어 있었다. 하루 만에 꼬질꼬질하게 변한 우리는 화장실에서 세수를 했다.

오전에 바로 마드리드 한글학교에서 공연이 있었다. 서둘러 화장실 물로 배를 채우고 길을 나섰다. 그런데 스페인의 태양은 너무나도 강했다. 겨울이라 공기는 찬데, 햇볕은 뜨거워서 땀이 났다.

게다가 영어가 안 통해 찾아가는데 한참 걸렸다.

짐을 들고 돌고 돌아 우여곡절 끝에 한글학교에 도착했다. 교장 선생님이 우리를 반갑게 맞아 주었다. 공연은 학부모회의가 끝나면 학생들이 함께 모였을 때 진행하기로 했다. 기다리는 동안 컵라면과 커피를 주셨는데, 공복에 얼마나 기뻤는지 모른다.

유럽에서의 첫 공연을 시작했다. 70여 명 모인 가운데 동해수문장을 소개하고 합주와 탈춤을 추면서 흥을 돋웠다. 아리랑을 공연할 때는 아이들까지 음악에 맞춰 "아리랑~ 아리랑~ 아라리요" 하며 노래를 불렀다. 홀에 울려 퍼지는 아리랑에 가슴이 벅차올랐다.

솔 광장으로 향했다. 미국과는 달리 유럽엔 본격적으로 관광객들이 붐비기 시작했다. 거리에는 이미 다양한 퍼포먼스가 펼쳐지고 있었다. 우리도 피켓을 높이 들고 사람들의 이목을 집중시켰다. 하나 둘 우리 피켓을 읽고, 영어권 나라 사람들은 다양한 질문을 하며 관심을 보였다. 그런데 역시 언어의 장벽은 높았다. 말이 통하지 않아 답답했는데, 오히려 우리 설명을 스페인어로 통역해 주는 관광객들까지 생겼다.

## 외국인 친구가 지켜 준 동해바다

in 바르셀로나

저녁 야간버스를 이용하여 바르셀로나에 도착했다. 바르셀로네타 해변 바로 앞에 있는 호스텔에 짐을 놓고, 이곳에서 열리는 세계 모바일 컨퍼런스 입구 근처에서 공연을 할 수 있을지 알아보러 나갔다. 세계 굴지의 모바일 업체들이 참여하는 컨퍼런스여서 다양한 외국인을 만날 수 있었다. 마침 우리를 위한 자리가 있어서 바로 현수막을 펼치고 피켓을 들고 활동을 시작했다.
다시 숙소로 돌아와 체크인을 하고 한글학교로 향했다. 그곳에서도 우리는 공연과 서명을 진행했다. 황성옥 교감선생님이 학생들에게 우리를 소개해 주었다. 이미 한국어를 할 수 있는 스페인 친구들이었고, 영어까지 잘하는 터라 우리 활동을 소개하는데 무리가 없었다. 그리고 우리가 무척 어려운 것을 알고는 3일

정도 홈스테이가 가능한지 친구들에게 물어봐 주셨다. 홈스테이
는 미리 황 선생님께 조심스럽게 연락을 드렸었다. 그런데 꽤 많
은 분이 호응해 주어 우리는 내일부터 신세를 지기로 했다.


"부에노스 따르데스, 굿 에프터눈, 안녕하세요!"
3일간 세계 모바일 컨퍼런스, MWC 2012 입구에서 활동하며
목청이 터져라 외쳐댔다. 탈춤은 공간적 제약이 있어서 연주만

했는데 생각보다 반응이 약해서 인사만 건네기로 했다. 큰 소리로 인사를 하면 다들 쳐다보며 즉각 반응이 왔다. 한국에서 온 분들은 우리에게 "파이팅!" 소리쳐 주고 입장했다. 간혹 외국인이 "안녕하세요" 하고 대답해 주는 분들도 있었다.

하루는 무장경찰들이 그 앞에 진을 치기 시작했다. 무슨 일인지 걱정하며 우리는 계속 "안녕하세요~" 인사를 하고 있었는데, 점점 학생들이 모여들었다. 그 사이에 끼어 버린 우리는 짐을 챙겨 그곳을 빠져 나와야 했다.

그런데 하필 그때 학생들도 서서히 일어나기 시작했다. 숙소로 돌아가는 길이 경찰들로 막혀 있었고, 어쩔 수 없이 그 학생들

근처로 빙 둘러가야만 했다. 그때 "수드 꼬레아!!" 하고 누군가 소리쳤고, 갑자기 그곳에 모인 학생들이 우리를 보고 환호성을 지르며 박수를 쳤다. 한복을 입고 피켓을 높이 들고 있는 우리를 발견하지 못했으면 이상하긴 하지만.

아무튼 느닷없는 박수 세례에 우리는 고개 숙여 인사를 했고, 그곳을 빠져 나오며 서로 힘내라며 학생들과 응원의 함성을 주고 받았다. 말은 통하지 않았지만, 같은 세대로서 공감대가 형성되었나 보다. 그들은 정부의 교육예산 삭감에 반대시위를 하고 있었다. 결국 2월 말, 스페인 정부는 교육 예산을 4조 4천억 원 감축하여 학생들의 시위는 물거품이 되어 버렸다고 전해 들었다.


3·1절에 어떤 활동을 할까 생각했는데, 바르셀로나 친구들과 '안녕하세요' 프로젝트를 진행하는 것이 더 낫겠다고 판단했다. 번화가인 람브라스 거리로 향했다. 큰 소리로 인사를 하면 지나가던 사람들이 모였고, 친구들이 통역으로 우리 활동을 소개해 주었다. 그리고 서명까지 함께 받으며 하루를 보냈다. 가끔 인사를 너무 크게 해서 경찰들이 오기도 했지만, 미국과는 달리 제재가 심하지는 않았다. 그냥 힘내라고 하며 지나갔다.

우리와 함께 활동하는 한 명 한 명의 친구들은 한국에 대해 많은 관심을 갖고, 한국 문화를 아껴 주었다. 그런 우리나라가 자랑스러우면서도, 왜 마음 한편에서는 아직 실질적인 문화 홍보를 위해 더 많은 노력이 필요하다는 생각이 드는지 모르겠다.

외국인들이 생각하는 한국과 실제 한국의 이미지에는 분명 차이가 있을 테니까, 앞으로 한국에 대한 실질적인 이미지를 알리는

일도 필요하겠다는 생각이 들었다. 홈스테이를 허락해 준 부모님들도 우리를 반겨 주시고, 스페인 음식을 해 주셔서 특별한 시간을 보냈다. 그 친구들은 집에서도 우리를 위해 통역을 해 주었다. 하루하루 걱정만 하고 계실 부모님이 오늘따라 그리웠다.


공연을 보기 위해 학생들이 하나 둘 모여들었다. 한국어뿐만 아니라 다른 언어를 배우는 학생들도 함께 참여했다. 성민 형과 반장인 리디아가 서로 통역을 하며 시작된 공연은 DVD 영상, 대금 합주 그리고 탈춤으로 이어졌다.
미국에서는 한인들과 연계하여 활동하다 보니 한류에 대해서는

많이 느끼지 못했다. 그런데 유럽에서는 한류의 인기가 꽤 높다는 것을 직접 느낄 수 있었다. 오히려 그 친구들은 알지만 우리가 모르는 노래도 있었고, 한류 콘서트를 보러 프랑스 파리까지 갔다온 학생들도 있었다. K-POP의 거품이 빠지기 전에 한국의 다른 문화들을 교류하며 한류 열기가 이어져 나갔으면 좋겠다는 생각이 들었다.


오늘은 한수 형이 머물고 있는 아비가일의 집에 초대받았다. 2시쯤 도착했는데 부모님, 남동생 데이비드, 막내 여동생 쥬디가 우리를 반겨 주었다. 아버지는 우리에게 파에야를 만들어 주기

위해 옥상에서 준비하고 계셨다. 파에야를 만드는 과정을 보니 카레를 끓여 밥을 넣고 약한 불에 졸이는 것과 비슷했다. 물론 파에야는 카레보다 조금 더 연하지만 깊은 맛이 났다. 와인을 한 잔씩 하며 구경을 하다가 식탁으로 이동했다. 새우는 기본이고, 문어, 엔초비 등 갖가지 음식을 애피타이저로 먹었다. 파에야는 그 자리에서 두 그릇씩은 먹었다.

우리는 2시쯤부터 식사를 시작해 저녁 8시까지 즐겁게 시간을 보냈다. 하루를 푹 쉬며 몸과 마음을 재정비할 수 있어서 더할 나위 없이 기뻤다.

다음날 아비의 가족뿐만 아니라 우리를 항상 도와준 친구들까지 우리를 배웅하기 위해 공항으로 왔다. 우리는 가는 길마다 고마운 사람들을 정말 많이 만났다. 인생에 한 번 있을까 말까 한 이런 소중한 경험은 큰 힘이 되었다. 그리고 외국인 친구들이 함께 외쳐 준 동해바다는 그 어느 때보다 의미 있었다.

# 경찰의 경고, 활동 정지?

in 로마

"이곳에서 활동해도 된다는 증명 문서를 보여 주시오."
이탈리아 말이지만 제스처와 분위기를 보면 그런 뜻이었다. 결국 트레비 분수에서 경찰은 우리에게 다가와 여권을 달라며 신분 확인을 했다. 우리는 영어로 열심히 설명했지만, 그 경찰은 이해를 못하니 막무가내였다. 바르셀로나에서처럼 인사를 하느라 소리를 지른 것도 아니고, 사람들을 방해할 만큼 헤집고 다니지도 않고 벽에 붙어 있었다. 관광객들은 우리 사진을 찍기도 하고, 함께 사진을 찍기도 하면서 서명을 진행하고 있었다. 그런데 갑자기 경찰이 다가와서 문제를 제기했다. 다른 쪽에서 여경이

한 명 더 오더니 띄엄띄엄 영어로 설명을 했다.

"한복을 벗고 피켓도 접으세요. 상부에 보고했으니 로마 시내 경찰들은 이제 당신들의 인상착의를 알고 있어요. 한 번 더 걸리면 벌금을 내고 경찰서로 가야 합니다. 앞으로 어느 관광지에서도 활동하지 마세요."

이럴 수가! 서명도 안 되고 피켓도 들고 다닐 수 없다며 여권을 돌려 주었다. 더 싸우다가 나라 이름에 먹칠을 할 수는 없었다. 분하지만 로마에서는 로마법을 따라야 했다. 벌금을 낼 형편이었다면 한번 끝까지 가 봤을 텐데 안타까웠다. 피켓을 접고 숙소로 이동하는데 다리에 힘이 빠졌다.


로마대학교로 가는 길이었다. 어제의 불미스러운 일도 있었으니 피켓을 접어 가방에 넣어 들고 갔다. 우리는 동양학을 전공하는 학생들이 모여 있는 건물을 찾았다. 그리고 한국어를 전공하는 친구들을 만날 예정이었다.

건물에 올라가서 브루노 교수님을 만나 일정을 의논했다. 교수님은 한국어학과 1학년, 2학년 강의실로 우리를 안내해 주었다. 아직은 한국어가 능숙하지 않은 친구들을 위해 영어로 설명해 주었다. 오늘은 학생이 적어서 간단하게 서명을 받고 아리랑만 들려 주었다. 그리고 우리 다큐멘터리를 찍어 주는 이인수 감독님이 일정에 맞춰 곧 로마로 오시기로 했다. 그래서 다음 주 월요일에 대학교 광장에서 공연이 가능한지 여쭤 보았다. 다른 분과 잠시 이야기를 나누고는 흔쾌히 알겠다며 정확한 시간만 알려 달라고 했다.

브루노 교수님은 이곳에서는 일본해만 사용한다고 했다. 그래서

이민 1.5세 혹은 2세들도 왜곡된 역사를 배우고 있다고 하여 속이 부글부글 끓었다. 한국인들조차 그런 교육을 받아야 한다는 것이다. 그렇다면 다른 나라들은 어떨까. 아직 우리나라는 성장하고 있으니까 세세한 부분까지 챙기지 못할 수도 있다. 그렇지만 앞으로도 겉으로 보이는 것에만 치중하다 보면 분명히 내부적으로 약한 부분이 있을 것이다. "역사가 없으면 미래도 없다"는 브루노 교수님의 말씀이 생각났다.

나는 다른 건 다 포기해도 바티칸 투어만은 하자고 팀원들에게 제안했다. 미켈란젤로와 라파엘로의 이야기를 꼭 들려주고 싶었다. 그래서 동해수문장 활동을 하며 처음이자 마지막으로 잠시 시간을 내어 오전에 바티칸 투어에 참여했다. 하지만 투어 중간에 빠져 나와 오후에는 한글학교로 향했다. 어디서든 주말에는 한글학교가 운영되고 있었다.

로마 한글학교 아이들에게 동해바다를 알려 주기 위해 기쁜 마음으로 갔다. 한글학교에서는 꽹과리 퀴즈대회라는 골든벨 같은 행사를 하고 있었다. 밖에 서 있다가 거의 끝날 때쯤 들어가 우리를 간단히 소개하고 공연을 시작했다. 한복을 입은 우리를 신기하게 바라보는 아이들에게 손을 흔들어 주고, 왜 우리가 세계를 다니며 여기까지 왔는지 설명해 주었다.

아이들은 대금 체험 시간을 갖고 우리와 함께 아리랑을 불러 주었다. 그리고 동해 표기에 대해 쉽게 설명해 주니 고개를 끄덕였다. 부모님들의 서명을 받으며 로마 한글학교에서의 일정을 마무리했다. 실제 받은 서명은 많지 않지만, 아이들과 함께 하는 시간은 무척 소중하고 의미있었다.


"어, 그래. 잘 지냈니?"
이인수 감독님을 다시 반갑게 만나 브루노 교수님과의 약속대로

로마대학교로 향했다. 로마에서의 마지막 날, 보람 있는 활동으
로 마무리하게 되어 얼마나 기쁘던지. 우리는 광장에 피켓, 사진
전 등 오랜만에 제대로 펼쳐보는 공연에 들떠서 자리를 잡고 있
었다. 이영희 디자이너님이 따로 대여해 준 한복을 이탈리아 학
생들에게 입혀 주었다. 한국학과 친구들 외에도 광장에서 쉬고
있던 학생들이 우리에게 관심을 갖고 호응해 주었다. 의외로 서
명도 많이 받았다.

마지막으로 콜로세움까지 갔다. 경찰에게 다시 주의를 받더라도
이탈리아 친구들도 함께 있으니까 제대로 설명할 수 있다고 생각

했다. 역시 콜로세움에는 많은 관광객들로 붐비는 만큼 경찰들도 있었다. 우리는 관광객들에게 피해를 주지 않기 위해 피켓은 구석에 따로 세워 두고 각자 팀을 나눠 서명을 받기로 했다.

로마 친구도 직접 나서서 관광객들에게 서명을 받아 주었다. 두어 시간이 지난 후 활동을 마무리하면서 모두가 힘차게 외쳤던 "동해, 동해, 파이팅!"은 우리 다큐멘터리의 마지막을 장식하게 되었다.

# 신념이 있어 더욱 아름다웠어

in 볼로냐

3대째 지도와 지구본을 만드는 조폴리(Zoffoli)라는 이탈리아 회사를 찾아갔다. 작년 10월부터 'East Sea'로 지도와 지구본을 제작하는 회사였다. 로마에서 리미니라는 작은 도시에 있는 이 회사까지 5시간이나 걸려 도착했다. 우리를 반갑게 맞이해 준 회사에서 지구본 제작 과정을 구경하였는데, 손으로 직접 만드는 수공예 지구본이었다.

조폴리는 이번에 수석 디자이너가 제안한 가장 오래된 고유 지명을 바탕으로 한 지구본을 만들기로 했고, 그래서 현재 생산되는 지구본은 동해 표기가 되어 있는 지도를 사용하고 있었다. 그리고 이번 IHO 회의에서 어떤 결과가 나오더라도 계속 '동해'로 표기한 지구본을 만들 것이라고 했다.

감사한 마음에 보여 드릴 것은 우리 공연밖에 없었고, 생소한 도시 볼로냐에서 아리랑을 들려 주며 한국의 또 다른 역사라고 소개했다. 남은 일정도 무사히 건강하게 마무리하라는 인사를 나누고, 우리는 드디어 모나코로 향했다.

MONGOL ULS
(MONGOLIA)
Nei Mongol
ZHONG GUO
(CHINA)
Beijing
(Peking)
Manchuria
Harbin
Changchun
Jilin
Shenyang
Fushun
Anshan
Vladivostok
Nakhodka
Sakhalin
Yuzhno-
Sakhalinsk
Wakkanai
Asahikawa
Sapporo
Kushiro
Otaru
Hokkaido
(Yezo)
Hakodate
CHOSON
(NORTH KOREA)
Pyongyang
Seoul
Kaesong
Inchon
Daejon
HANGUK
(SOUTH KOREA)
Gwangju
Busan
Mokpo
Jeju Do
EAST
SEA
Hirosaki
Aomori
Akita
Sendai
Kamaishi
Niigata
Sado
Iwaki
Nagano
Honshu
Mt. Fuji
Tokyo
Chiba
Yokohama
Kyoto
Kobe
Nagoya
Osaka
Hiroshima
NIHON
(JAPAN)
Fukuoka
Nagasaki
Kagoshima
Shikoku
Kyushu
HUANG HAI
(YELLOW SEA)
DONG HAI
(EAST CHINA SEA)
Wenzhou
Okinawa
Naha
Ryu Kyu Is.
(Japan)
Taipei
TAIWAN
Kaohsiung
Shanghai
Ningbo
Shantou
Hong Kong
Hainan
Osumi Is.
Izu
Shoto
Ogasawara
Shoto
(Japan)
Kazan Retto
(Japan)
Iwo Jima
Daito Shoto (Japan)
NORT
EFFOLI

# 꿈에서라도 만나고 싶었던
# 마음의 고향

in 모나코

모나코에 가기 위해 벤티미글리아 역에서 밤을 지새웠다. 바닥에 박스를 깔고 침낭을 폈다. 짐이 있으니 지키는 사람도 필요했다. 기차역에서 자는데도 쌔근쌔근 소리가 들려 쳐다보니 어느덧 다들 잠에 빠져 있었다.

나는 잠이 안 와서 짐을 지킬 겸 책을 읽고 있었다. '나' 는 나에게 지금 이대로 만족하냐며 물어보았다. 나는 정말 만족했다. 사실 얼마 전까지만 해도 이등 애벌레인 내가 어떤 대단한 활동을 성공적으로 해내서 다른 사람들에게 힘이 되고 싶었다. 그런데 이 정도 활동으로는 그럴 수 없다는 것을 점차 깨달았다. 하지만 내가 할 수 있는 한도 내에서 가장 의로운 활동을 하며 대학생활을 마칠 수 있다는 사실에는 기쁨을 감출 수 없었다.

열차에 몸을 실었다. 드디어 이번 일정을 준비하며 가장 많이 거론되었던 나라를 향하고 있었다. 20분만 있으면 꿈에도 그리던 IHO(국제수로기구)의 고향, 모나코에 발을 딛게 되는 것이다. 과연 우리는 모나코에서 어떤 경험을 하게 될까. 우리에게는 아무런 정보도 없었다. 그래서 우선 IHB(IHO 사무국)에 사전답사를 하러 갔다. 또 이인수 감독님과 함께여서 그런지 IHB 사무국 견학을 허락받았다.

MONACO MONTE-CARLO
International
Hydrographic
Organization

Organisation
Hydrographique
Internationale

김백수 사무관님의 도움으로 IHB와 IHO의 역할에 대해 자세히 설명을 들었고, 4월 말 IHO 총회가 열리는 호텔에 우리를 데리고 가 주셨다. 1, 2층으로 이루어진 세미나장을 직접 보니 우리의 활동 방향에 대해 다양한 방안을 도출해 낼 수 있었다.

그날 밤은 김백수 사무관님이 재워 주기로 했다. 한국과는 밤낮이 반대여서 새벽에만 메일을 주고받을 수 있다면서 한참 작업을 하셨다. 나도 그 옆에 앉아서 서명지를 어떻게 전달해야 할지 고민하고 있었다. 각국 대사관 출입은 허용이 안 될 가능성이 더 높았다. 어떻게 하는 것이 가장 효율적일까.

## 일정, 예산…
## 모든 것이 뒤엉켜 버렸어

in 파리

2년 전 동생과 입구에서 사진만 찍고 돌아서야 했던 프랑스의 한국문화원. 다시 찾은 그곳에서 나는 팀원들과 이종수 문화원장님을 만나뵈었다. 사람의 일이란 참으로 신기했다. 우리를 맞이해 주신 원장님은 메일 한 통으로 방문을 허락해 주셨고, 우리에게 필요한 건 뭐든 도와주고자 하셨다. 처음 뵙는데도 든든한 삼촌 같은 분이라는 표현이 딱 어울렸다.

그러나 우리가 나누는 이야기는 결코 가벼운 것이 아니었다. 원장님은 3월 말부터 4월 13일까지 대사관에 미리 연락을 하고 찾아가더라도 서명지를 전달하는 것은 사실상 힘들 것 같다는 말씀을 조심스럽게 꺼냈다. 그렇다면 남은 방법은 우편으로 보내는 거였다. 우선 문화원과 대사관에 서명지 제본에 대해 문의를 드렸다. 그리고 우편에 대해서는 조금 더 의논을 해 보기로 했다.


다음날 오전 촬영을 끝으로 이인수 감독님은 한국으로 먼저 돌아가셨다. 이제부터 편집 때문에 굉장히 바쁠 거라며 방영 날짜가 정해지면 다시 연락을 주기로 했다. 워싱턴 DC, 로마, 볼로냐, 모나코, 그리고 파리까지 함께 움직이며 우리 모습을 담아 준 감독님께 진심으로 감사하며, 지하철을 타러 떠나시는 뒷모습을 배웅해 드렸다.

그리고 우리는 문화원장님의 추천으로 주 프랑스 한국대사관을 방문했다. 1866년 병인양요 때 프랑스가 약탈해 간 외규장각 도서 총 297권이 145년 만에 반환되었는데, 박흥신 대사님이 크게 애를 쓰셨다고 한다. 그분과 차를 마시며 지난 활동에 대해 대화를 나누었다. 이제 마무리까지 얼마 남지 않았는데, 그때까지 마무리 잘하길 바란다고 독려해 주셨다.


나는 하루 종일 기침을 하고, 정관이는 목에 담이 걸려서 얼굴을 움직이지 못했다. 하루 정도 쉬면서 정리해야 할 시간이 된 것 같았다. 원장님이 소개해 준 민박에 머무르며, 또 쌀을 제공해 주셔서 그나마 밥을 해먹을 수 있어서 다행이었다. 우리에게 주어진

건 쌀과 전기밥솥, 그리고 간장뿐이었다. 흰 쌀밥에 간장을 넣어 비벼 먹는 것이 이렇게 맛있다니, 매끼마다 간장 밥을 먹었는데도 전혀 질리지 않고 행복하기만 했다. 이제는 기침에 목소리가 거의 나오지 않았다. 오죽했으면 대사님 앞에서도 인사 말고는 한 마디도 하지 못했다.

우리는 80개국 중 50개국만 선정하여 발송하기로 했다. 그런데 600여 장의 서명지 복사비가 590만 원, 우편료가 750만 원이었다. 그 막막함에 어찌해야 할지 머리를 쥐어뜯어도 답이 나오지 않았다. 이제 발송까지 남은 기간은 일주일. 마지막까지 제대로 해내려면 어떻게 해야 할까. 만일 답이 나오지 않으면, 나 혼자라도 런던에 다녀오자마자 한국으로 귀국해야 했다. 그게 더 저렴했다. 어떻게든 발송은 해야 하니까 말이다. 모나코에 정말 가고 싶지만, 어쩔 수 없는 상황이라는 게 있었다.


다음 주 서명지 발송 작업을 위해 아침 일찍 두 팀으로 나누어 작업을 시작했다. 한 팀은 서명지에 들어갈 인사말을 작성하고, 다른 팀은 석 달 동안 받은 서명지를 정리했다. 런던에서 돌아오면 준비할 시간이 별로 없이 바로 발송해야 하기 때문에 미리 해 놓아야 했다. 서명지에 빈칸이 있으면 다른 서명지를 오려서 메워야 했다. 한 장이라도 줄여야 하니까.

미국을 제외한 국가에서도 평균 500여 명의 서명을 받았다. 물론 금전적인 문제는 아직 해결되지 않았지만, 그 소중한 서명지를 IHO 실무국에 보낼 수 있다는 생각을 하니 작업을 하면서 마음만은 뿌듯했다.

다음날 우리는 숙박비를 줄이기 위해 밤 11시 30분에 런던으로
출발하는 유로라인 버스를 예약했다. 그리고 오전 10시가 되기
전에 짐을 모두 정리하기 위해 숙소를 나와 문화원으로 향했다.
아직 우리에게 남은 문제들이 많았으므로 회의를 해야만 했다.
하루 종일 남은 서명지 작업을 마무리하고 샤를드골 공항 근처
정류장으로 발걸음을 옮겼다.
21세기 애국심은 과거처럼 밖으로 나가서 농성하고 싸우는 것이
아니었다. 이제는 자신의 위치에서 스스로 더 행복하다고, 만족
을 하며 사는 것이 애국자가 되는 가장 빠른 길이라고 생각했다.
그러한 이등 애벌레들의 마음이 오히려 국력을 키우는 데 보탬
이 되는 것이었다. 우리는 행복했다.


# 한 번 더, 그 자리로

in 런던


주 영국 한국대사관 분들과 약속이 있었다. 메일로만 연락을 주
고받던 이정현 2등서기관님이 우리를 반갑게 맞아 주었다. 정부
관계자가 아니라 개인적으로 응원하고 싶다며 꼭 한번 만나보고
싶다고 하셨기에 형님처럼 든든했다. 임승철 영사님과 동북아역
사재단에서 일하셨던 홍성근 박사님이 함께 참석하셨는데, 각국
에 우편으로 발송하고자 하는 우리 의견에 찬성하셨다.
무거운 짐은 런던의 한국문화원에 맡기기로 했다. 나머지 개인

짐은 숙소에 놔두고, 우리는 내셔널 갤러리 앞에서 서명운동을 진행했다. 2010년 여름 동생과 7시간 동안 홍보활동을 하며 유종의 미를 거두었던 곳이다. 매우 뜻깊은 장소였기에 나는 그때 추억을 떠올려 보았다. 3시간 정도 별다른 공연 없이 서명을 꾸준히 받았다. 많은 사람들이 관심을 갖지는 않았지만, 지나가다 눈이 마주치면 먼저 인사를 건네주었다.

모든 국가에는 영웅이 있다. 영국에는 넬슨이라는 해군제독이 있고, 그는 1805년 트라팔가르 해전을 승리로 이끌었다. 27대(영국)와 33대(연합군)가 해전을 치르는데 23척을 격침하고 포획했다. 그래서 내셔널 갤러리 앞을 트래팔가 광장이라고 부른다. 그리고 그 가운데 넬슨 제독을 기리는 넬슨탑이 있다.

이순신 장군은 명량해전에서 단 13척으로 일본 수군 330여 척을 물리치셨다. 그후로 도요토미 히데요시는 조선 수군을 만나거든 싸우지 말고 피하라는 명령을 내렸다고 한다. 게다가 우리가 몰랐던 사실이 있다. 바로 외국인들은 소리 높여 이순신 장군을 칭송했다는 점이다. 일본인조차도 말이다.

"나를 넬슨에 비하는 것은 가하나 이순신에게 비하는 것은 감당할 수 없는 일이다."
– 도고 헤이하치로, 1905년 쓰시마 해전 승전 후 축사를 듣고 나서


"그의 이름은 서구 역사가들에게는 잘 알려지지는 않았지만, 그의 공적으로 보아서 위대한 해상지휘관들 중에서도 능히 맨 앞줄을 차지할 만한 이순신 제독을 낳게 한 것은 신의 섭리였다. 이순신 제독은 광범위하고 정확한 전략 판단과 해군전술가로서의 특출한 기술을 갖고 있었으며, 탁월한 지휘통솔력과 전쟁의 기본정신인 그칠 줄 모르는 공격정신을 아울러 가지고 있었다. 그가 지휘한 모든 전투에 있어 그는 언제나 승리를 끝까지 추구하였으며, 그 반면에 그 용감한 공격이 결코 맹목적인 모험이 아니었다는 점은, 넬슨 제독이 기회가 있는 대로 적을 공격하는 데 조금도 주저하지 않다가도 성공을 보장하기 위해서는 세심한 주의를 게을리하지 않았다는 점에서는 유사하다. 이순신 제독이 넬슨 제독보다 나은 점을 가졌으니, 그것은 기계발명에 대한 비상한 재능을 갖고 있었다는 점이다."
– 영국의 해전사 전문가이자 해군중장 G. A. 발라드.
*The influence of the sea on the political history of Japan*

전 세계에서 해전의 전설을 만들어 낸 인물은 우리나라 이순신 장군이다. 넬슨탑이 있는 트라팔가 광장을 보는 내내 그런 생각이 떠나지 않았다.

토요일에도 런던의 한국문화원에서는 영국인 친구들이 한글 수업과 K-POP 수업을 듣고 있었다. 우리는 그들에게 동해 표기에 대한 설명과 서명운동을 하기로 미리 허락을 받았다.

11시가 되기 전에 문화원에 도착하여 강의하는 선생님을 만났다. 수업시간에 학생들에게 미리 말을 해 놓을 테니 쉬는 시간에 활동을 하는 것이 좋겠다고 했다.

토요일이라서 그런지 광장에는 더욱 많은 사람들이 있었다. 우리는 내셔널 갤러리 중심에서 피켓을 들고 동해를 홍보하고 서명을 받았다. 한복을 입고 태극기를 든 다섯 명의 한국인을 보고 많은 외국인들은 관심을 보였고, 사진을 찍으면서 무엇을 하고 있는지 물어보았다. 시간 가는 줄 모르게 3시간 동안 150여 명에게 서명을 받았다.


마지막 날, 이정현 서기관님을 만났다. 삼겹살에 김치찌개를 선물로 주셨고, 우리는 새삼스레 행복에 겨웠다. 귀국 후에 보내주신 메일이 기억에 남아서 여기에 소개한다.


*"누군들 처음부터 원대한 꿈을 가지지 않고 사회생활을 시작하지 않겠냐만은 초심을 끝까지 간직할 수 있느냐가 중요해. 결국은 그 마음가짐이 승부를 가르더라. 내가 장관이 되겠다, CEO가 되겠다 이런 목표가 중요한 게 아니고 리더가 될 준비와 습관을 만들어 가는 것이 중요하다는 이야기다. 누구나 다 리더가 되고 성공적인 인생을 살 수는 없겠지만 모든 사람들이 그런 마인드로 무장한다면 우리 사회는 더욱 멋지게 되겠지."*

THE
NATIONAL
GALLERY
East Sea.com
We strongly want
the name 'East Sea' to be
finally in its place.
I ♥ East Sea.com
SPORTS DIRECT.COM
HYUNDAI
District

MIRATES STADIUM
HENRY
14
Arsenal

# 1만 2천 명의 응원,
# 80개국으로 향하다

in 파리

아침 7시 파리의 버스정류장에 도착했다. 드디어 우리의 마지막 작업인 서명지 발송을 위해 문화원으로 향했다. 그동안 국내 학교 학생들에게 직접 받은 서명지, 한수 형과 영태의 가족들이 한국에서 받아 준 서명지가 도착해 있었다. 게다가 워싱턴 DC의 이문형 전 이사장님이 2천 명의 서명을 보내 주셨다.

만일 우편물이 2kg을 넘지 않으면 예상대로 소포 대신 우편 발송이 가능하고, 가격도 훨씬 저렴하다. 일단 서명지 60%의 무게를 달아보니 1.8kg이었다. 다행히 서명 책자 제작 및 발송비에 대한 걱정은 조금 덜 수 있었다.

그렇다면 어설프게 50곳에 보내는 것보다 80개국에 모두 다 발송하는 것이 어떤지 계산해 봤다. 이종수 원장님이 제본 비용을 저렴하게 할 수 있도록 도움을 주셨다. 그래서 제본비 1,200유로(180만 원), 우편발송료 1,240유로(190만 원), 추가 비용까지 고려해 볼 때 400만 원이 필요했다.

처음에는 팀에서도 굳이 그렇게까지 무리해야 할 필요가 있느냐는 의견도 나왔다. 서명 책자 제작 및 발송비를 제외하고도 귀국 비행기값, 남은 한 달의 계획 및 생활비에 대한 생각도 해야 한다는 것이었다. 그러나 결국 귀국하는 비행기값으로 개인별로 갖고 있던 돈을 1인당 80만 원씩 내기로 했다. 이제 귀국하는 비행기는 없어졌다.

숙소에서 전 세계 80개국 IHO 담당 기관의 주소를 찾기 시작했다. IHO 홈페이지를 뒤져 명단을 찾고 각 기관 홈페이지에 접속해 주소를 정리하고는 실제 주소가 맞는지 구글 지도에서 찾아보고 목록을 만들었다. 그러다 오후 8시쯤 수업에 참여하여 우리 일정의 마지막 서명활동을 위해 움직였다. 수업은 1시간이었고, 10분 안에 모든 설명을 끝내기로 약속했다.

그런데 학생들이 하나 둘 손을 들고 동해에 대한 질문을 하는

바람에 결국 1시간을 모두 질의응답으로 활용했고, 선생님도 뜻 깊은 시간이었다며 이해해 주었다.


우리나라에 독립군이 있었다면, 프랑스에는 레지스탕스가 있었다. 1940년 6월 프랑스의 페탱 정부가 독일 침략군에 굴욕적인 항복을 하였다. 그때 샤를 드골은 레지스탕스를 외쳤다. 프랑스 본국 내에서는 흐름이 미미한 상태였고, 그는 런던으로 넘어가

자유프랑스위원회를 조직하였다. 이후 활동이 조금씩 시작되었고, 비로소 런던의 자유프랑스와 국내 레지스탕스가 밀접한 관계를 강화하게 된 것이다.

1943년 5월 말 드골을 지도자로 한 '싸우는 프랑스'의 이름 아래 국민적인 운동으로 확대되었다. 일등이 아니라 용기 있는 누구나 참여할 수 있었다. 1년 만에 4만 명에서 10만 명으로 불어난 레지스탕스는 '프랑스 국내군'이라는 이름 아래 통합되었다. 1944년 6월 6일 연합군의 노르망디 상륙을 신호로 전국민적인 무장봉기

가 시작되었고, 독일군을 물리쳤다. 9월 초 레지스탕스를 배경으로 한 프랑스공화국 임시정부가 파리에 수립되고, 현재 프랑스 공항 이름도 그의 이름을 따서 샤를 드골이 되었다. 이러한 역사를 겪었으니 1시간 동안 열띤 토론이 가능했다고 생각한다.

2011년 12월 30일을 기점으로 시작한 서명을 드디어 오늘 IHO 회원국에 발송하게 되었다. 인쇄소에 도착했을 때는 아직 제본이 완성되지 않은 상태였다. 시간을 단축하기 위해 완성된 책을 먼저 봉투에 넣어 깔끔하게 정리했다. 수많은 뭉치로 쌓여 있는 서명지를 보며 얼마나 뿌듯하던지.

각국의 국기와 주소 스티커를 붙이며 한 권씩 완성해 나갔다. 우
편물이 도착하는 시간을 2주 정도로 예상한다면 각국 IHO 담당
자들이 출국하기 전에 우리 서명책자를 받아 봐야 했다. 프랑스
에서 한국까지 5~6일 정도 걸린다고 하니까 다행히 각국 IHO
담당자들의 출국일 전에 도착하겠다는 생각이 들었다.

2012년 3월 31일, 프랑스 파리 시각으로 오후 1시 34분. 우리가
가져온 서명책자를 모두 발송했다. 한국 대학생들 그리고 IHO
설립에 힘썼던 대표적인 서양 국가들의 실제 국민과 한인들까지
동해 표기를 지지한다는 서명과 그 마음을 그분들이 꼭 받아 주
길 기원했다.

# 전 세계가 모인 곳에서
# 동해바다를 보여 주렴

in 모나코

제18차 IHO 총회. 이 총회는 5년마다 열리는 회의다. 2011년 여름에 이 일을 기획하며 모나코에 올 수 있을까 기대 반, 걱정 반이었다. 그런데 이렇게 오게 되었으니 얼마나 감동적인가.

한편에는 5월에 있을 F1경기 준비가 한창이었다. 그리고 따뜻해진 날씨와 함께 많은 관광객들이 모나코를 찾고 있었다. 이미 한 번 모나코를 방문한 적이 있는 우리는 기억을 되살려 호텔을 쉽게 찾아갔다. 입구에 들어서자 회의 준비로 몹시 분주한 모습이 보였다.

우리는 리셉션에서 방문자 목걸이를 받아들고 내부를 살펴보았다. 1, 2층으로 나뉘어져 있는데 1층에는 각국의 부스가 설치되어 있었다. 본 회의장에서는 예산 관련 회의가 진행 중이었다. 우리는 밖에서 기웃거리고 있다가 회의가 끝난 후 회의장으로 들어가 봤다. 각국의 명패를 보고 있는데 감회가 새로웠다. 우리나라 대표단의 위치도 확인했다. 마지막을 앞두고 어떻게 활동해야 할지 다시 한 번 생각했다.

마음을 졸이고 있는데 우리도 개막식에 입장해도 된다는 말을 듣고 조용히 들어가 자리를 잡았다. 우리는 생각 끝에 회의장 입구에서 300여 명의 각국 관계자들이 입장하고 나올 때 인사를

XVIII th INTERNATIONAL HYDROGRAPHIC CONFERENCE
XVIII ème CONFERENCE HYDROGRAPHIQUE INTERNATIONALE
IHO - OHI
SINGAPORE
REPUBLIC OF KOREA
REPUBLIC OF KOREA

하기로 했다. 한국의 이미지를 표현하는 데 예의 바른 인사만큼 좋은 것이 없다며 팀원들의 의견이 일치했다. 지난번 모나코 답사를 오기 전까지만 해도 다른 생각이었다. 회의 기간 일주일 내내 쉬지 않고 공연을 하는 것. 그런데 직접 가 보니 장소가 마땅치 않았다. 호텔 입구가 두 곳이고, 또 건물 내부에서는 공연을 해서는 안 되니까 말이다.

그리고 이미 IHO 회원국에게 서명 책자를 발송했다. 그 책자 속에는 우리 활동사진이 첨부되어 있었다. 그러니 받아 보았다면 회의장 입구에서 인사만 하더라도 우리가 왜 그러고 있는지 알 거라고 생각했다.

한국 대표단 중에 낯익은 분이 계셨다. 각국 대표단이 입장할 때 인사를 한 다음 곰곰이 생각해 보니 동북아역사재단의 동해 교육 DVD에 출연한 분이었다. 우리가 공연 때마다 틀고 공부하면서 본 그분이었다. 그래서 그런지 주성재 교수님(경희대 지리학과)은 처음 뵙는데도 마치 오래전부터 아는 분처럼 느껴졌다.

교수님은 우리 활동을 응원해 주며 식사도 대접해 주셨다. 그리고 귀국 후에도 외교부와 동해연구회의 동해 표기 국내 전문가 협의회, 동해 독도 표기 관련 국제 세미나에 초청해 주셨다. 그래서 모나코에서 만난 대표단분들을 다시 만나뵐 수 있었다. 또한 꾸준히 해외 담당자들을 초청, 교류하고 계시는 모습을 보고 청년층에서도 더욱 실질적인 활동을 해야겠다는 생각이 들었다.


"여기 봐요, 당신들 유명인사가 되었네요."
우리와 인사를 하며 지내던 호텔 관계자가 아침부터 반갑게

인사를 했다. 그러면서 그가 건넨 것은 모나코 신문이었다. 1면에 우리가 나와 있었다. 어제 회의장 입구에서 인사를 하며 서 있는데 갑자기 기자들이 오더니 사진을 찍기 시작했다. 몇 초 후에 마라토스 의장과 알베르 2세 모나코 국왕이 우리 옆에서 등장했다. IHO 총회 개막식 인사를 하러 온 것이다. 그때 찍힌 사진이 모나코 신문 1면에 실려 있었다. 외국 신문에서 우리를 보니 얼마나 신기하던지.

그렇게 시작된 IHO 회의 둘째 날. 우리는 실무자들이 회의에 들어가고 나올 때 인사를 했다. 가끔 외국분들이 "안녕하세요~" 하고 인사를 건네 기분이 좋았다. 바르셀로나, 이탈리아 친구들에게 '안녕하세요' 라는 말이 너무 발음하기 어렵다고 들었는데

말이다. 그리고 이제 우리에게 농담을 던지는 분들도 있었고, 힘내라고 먼저 인사를 하기도 했다. 북한에서 온 분도 동해 문제만큼은 일본해를 절대 용납할 수 없다고 했다.


"안녕하세요, 보내 주신 책 잘 받았습니다. 힘내세요. 우리는 분명히 동해를 응원합니다. 다만 외교적인 입장에서는 그렇게 의견 제시가 쉽지 않다는 것을 이해해 주시기 바랍니다."
그러면서 우리에게 악수를 청하는 분도 있었다. 서명 책자가 잘 도착했다는 것에 안도의 한숨을 내쉬었다. 그리고 우리가 준비하며 IHO에 대해 설명할 때 항상 함께 소개했던 분이 계셨다. 장동희 국제명칭표기대사님도 우리에게 말씀하셨다.
"이보게, 자네들이 발송한 책자를 잘 받았다고, 내용도 아주 괜찮다며 다른 나라로부터 연락을 받았네. 아주 잘했어. 그렇게 의미 있는 일을 해 주다니, 고맙네."


오전부터 일본측 담당자들이 분주하게 전화를 하며 회의장을 왔다 갔다 했다. 장동희 대사님이 언론에서 파견 나온 분들에게 현재 상황에 대해 설명해 주었다. 오늘 동해와 일본해 안건의 결론이 나지 않아 내일 계속해서 회의가 진행될 거라고 말이다. 어제 일본이 현행 3판에 기초해 부분적인 개정안을 만들자고 제안했지만, 찬성표를 단 한 표도 얻지 못했다고 했다. 그리고 결국 이 제안은 폐기되었다.
일본은 지난 60년간 해양지도에서 추가되고 변화된 것들보다 자신들의 일본해 표기를 지키기 위해 시대를 역행하는 발언을 한 것이었다. 그들의 의도가 뻔히 보이는데 누가 동의를 하겠는가. 그 제안에 손을 든 것은 일본밖에 없었다.


일본은 1914년 1차 세계대전이 시작되었을 때 독일에 선전포고를 했다. 일본은 대륙팽창정책을 중심으로 더 많은 땅을 확보하기 위해 혈안이 되어 있었다. 이미 우리나라는 일제강점기의 암흑기였다. 일본은 1차 세계대전에서 연합군 쪽에 붙어 승리하였으므로 우리나라는 더욱 더 독립할 수 없었다. 오히려 더 침탈의 강도가 강해지게 되었다.

일본은 1937년 중국을 침략하며 중일전쟁이 발발하였고, 1939년 9월 독일이 폴란드를 침공하면서 제2차 세계대전이 발발하였다. 순식간에 독일은 유럽 전역을 점령하며 1940년 프랑스의 항복을 받아냈다. 샤를 드골은 그때부터 본격적으로 레지스탕스 활동을 시작했다. 이윽고 1941년 일본은 진주만 폭격을 통해 대동아전쟁을 벌였다.

밀고 당기는 싸움이 지속되던 43년 겨울 미국, 영국, 중국은 카이로 회담을 열고 카이로 선언을 발표했다. 이때 "한국 국민의 노예 상태에 유의하여 적당한 시기에 한국을 자주 독립시킬 결의를 한다"는 언급이 있었다. 이후 1945년 4월 28일 이탈리아의 베니토 무솔리니가 총살되었고, 이틀 뒤 아돌프 히틀러가 자살하면서 제2차 세계대전의 막이 내리고 있었다.

그 후 7월 17일 포츠담 회담을 통해 "카이로 선언의 모든 조항은 이행되어야 하며, 일본의 주권은 혼슈, 홋카이도, 규슈, 시코쿠와

연합국이 결정하는 작은 섬들에 국한될 것이다"라며 '일본 군대
의 무조건 항복'을 요구했다. 그러나 일본은 이것을 묵살하였고,
미국은 8월 6일 히로시마, 9일 나가사키에 원자 폭탄을 투하하여
결국 8월 15일 일왕 히로히토가 무조건 항복을 발표하였다.

이 전쟁으로 인해 우리나라 여성들이 일본의 성노예로 끌려가
고, 생체실험을 당하고 학살당했으며, 젊은이는 일본 군대에 징
집되었고, 문화재가 소실되었다. 그럼에도 일본은 여전히 잘못
을 반성하지 않고 야스쿠니 신사참배까지 하고 있다. 야스쿠니

는 '나라를 안정케 한다'는 뜻이며, 일본 일왕을 위해 싸우다 목숨을 잃은 사람들을 신으로 모시고 제사를 지내는 곳이다. 그리고 여전히 일본 정부는 독도와 동해에 대한 변함없는 침탈 야욕을 버리지 않고 있다.

우리가 모르는 사이에 지금 이 순간에도 여전히 동해바다를 일본해로 표현하기 위해 수많은 이들이 로비와 물밑작업을 진행하고 있다. 고구려를 중국의 속국으로 만들기 위한 동북공정 또한 이미 상당히 진도가 나갔다. 우리가 국내에서 제로섬 게임을 하는 동안 대충 눈을 가리고 넘어갔던 것, 혹은 국력이 약해 생겼던 단점을 꼬투리로 잡아 끊임없이 주변국에서는 우리를 침탈하고 있다. 과거나 현재나 우리는 우리끼리 싸우다가 침략을 받았다. 그 결과

여전히 우리나라의 수많은 문화재들은 외국에 갇혀 있다.

우리는 이전 세대로부터 윤택한 삶을 물려받았다. 그렇다면 이제 우리가 다음 세대를 위해 해야 할 일은 무엇일까?

다음날, 제4판 《해양과 바다의 경계(S-23)》 개정에 대한 논의는 결국 다음 총회로 안건을 넘기기로 결정이 났다. 그렇다면 현행을 유지하는 것이고, 일본해가 단독 표기되어 있는 1953년 제3판을 계속 사용하는 것이다. 그렇게 IHO 총회의 막을 내렸다.

4판이 개정되지 않아서 차라리 다행이었다. 다시 5년의 기회가 생겼으니 말이다. 우리는 알렉산드로 마르코스 의장님에게 그간 고생하셨다는 인사를 드렸고, 그분도 우리에게 고생했다고 말씀해 주었다.

다음 5년을 기약하는 폐막식 자리에 우리도 참여했다. '가장 아름다운 부스상' 1위의 영광은 한국에게 돌아왔다. 그도 그럴 것이 우리나라 부스에서는 찾아오신 분들의 사진을 찍은 후에 현상까지 해 주었다. 그리고 직접 전자 해도를 사용해 볼 수 있는 스마트 TV도 설치되어 있었다. 지도만 붙여 놓은 다른 나라와는 확연히 차이가 났다. 우리는 폐막식을 마치고 나오는 분들에게도 끝까지 인사를 했다.

"그럼, 5년 뒤에 뵙겠습니다!"

우리 어깨를 툭툭 치며 허허 웃기도 하고 진지하게 악수를 청하는 분들도 있었고, 또 어떤 분은 "안녕히 가세요" 하고 한국어로 인사를 건넸다. 가장 매력적이었던 인사는 바로 이 말이었다.

"좋지. 2017년에 신혼여행으로 와서 한 번 더 활동하게나."

한국으로 돌아오는 동안 번데기의 허물이 벗겨지기 시작했다. 길었던 청춘발작이 끝나는 모양이다. 갈라진 허물 뒤로 접혀 있던 날개가 나왔고, 단단했던 껍질을 내버려 둔 채 나비가 되어 하늘로 날아올랐다. 그런데 나비는 2주 만에 세상을 떠난다. 꿈의 숙명은 항상 그러하다. 희열은 짧음보다도 짧다. 그래서 또 다른 나비를 키우러 가야 한다. 이 책이 출간되는 시점이면 동해수문장 2기 활동 준비가 한창일 것이다.

지난 여행들을 떠올려보면 무수히 많은 사람들과 함께 했던 추억이 가득하다. 함께 한 지난 3년의 매 순간이 소중하지만, 가장 기억에 남는 일은 한글학교에서의 공연이었다. 마드리드에서는 우리 공연을 따라 10대 학생들이 아리랑을 따라 불러 주었고, 실리콘밸리에서는 그보다 어린 아이들이 애국가를 함께 불렀다. 그때 온몸으로 퍼져나간 짜릿함은 영원히 잊을 수 없을 것 같다. 그들에게 동해와 독도에 대해 이야기해 줄 때마다 한국 아이들에게도 그런 기회가 주어졌으면 좋겠다는 생각이 들었다.

그래서 동해수문장 2기는 2013년 가을이 되면 단 한 시간, 단 하나의 교실이라도 허락을 해 준 전국 초·중·고등학교를 찾아가고자 한다. 지금 힘든 시간의 소중함을 극복하라는 용기를 심어 주는 동시에 동해와 독도에 대해서 이야기해 줄 예정이다. 사실 안정적인 생활을 위해 취업을 한 상태에서 동해수문장 2기를 운영하고 싶었지만, 그것은 현실적으로 불가능한 일에 가까웠다.

동해수문장 2기는 다음 세대의 주역인 아이들에게 올바른 역사의식을 전하려 한다. 일방적인 반일 감정을 내세우기보다 문화적인 그릇을 키워 그들을 포용하고 품을 수 있도록 방향을 일러주는 것이 가장 큰 목적이다. 그것이 다가오는 우리나라의 미래를 더 단단하게 만들 수 있지 않을까 생각하기 때문이다.

활동하기에 앞서 여전히 걱정이 많다. 그러나 또다시 천 번 정도 청춘발작을 겪으면 해낼 수 있지 않을까 생각한다. 이 책도 1년 반 동안 150여 번의 거절을 당한 후 포기하는 심정으로 마지막

프러포즈를 했던 이지출판사로부터 우리의 생각에 힘을 보태겠
다는 서용순 대표님 덕분에 세상에 나올 수 있었으니까 말이다.

다른 세대에 비할 수는 없지만 청춘은 그 나름의 책임감이 생겨
나는 과정을 겪어 내느라 힘들다. 지금의 선택이 인생을 좌우한
다고 생각하기에 더 깊은 고민을 할 수밖에 없다. 그런데 그것은
애벌레가 나비가 되기 위해 온몸을 탈바꿈하듯 우리 모두가 스스
로 작품이 되어 가는 과정이지 않을까? 정말 포기하고 싶을 때에
도 지금까지 걸어온 자신의 발걸음을 뒤돌아보며 용기를 내었으
면 한다. 분명히 해낼 수 있다.

청춘의 넋두리가 담긴 항해일지를 읽어 주신 모든 분께 감사의
인사를 전합니다. 그리고 이런 말을 할 자격이 있는지는 모르겠
지만 꼭 하고 싶은 말이 있습니다.

"언제나 당신을 응원합니다."

# 청춘발작

청춘의 발자국이 만드는 작품


| | |
|---|---|
| 펴낸날 | 초판 1쇄  2013년 4월  25일 |
| | 초판 2쇄  2013년 6월  25일 |

| | |
|---|---|
| 지은이 | 남석현 |
| 펴낸이 | 서용순 |
| 펴낸곳 | 이지출판 |

| | |
|---|---|
| 출판등록 | 1997년 9월 10일 제300-2005-156호 |
| 주 소 | 110-350 서울시 종로구 율곡로6길 36 월드오피스텔 903호 |
| 대표전화 | 02-743-7661  팩스  02-743-7621 |
| 이메일 | easy7661@naver.com |
| 디자인 | 박성현 |
| 마케팅 | 서정순 |
| 인 쇄 | 꽃피는청춘(주) |

ⓒ 2013 남석현

값 13,500원

ISBN 978-89-92822-73-2  03980


※ 잘못 만들어진 책은 바꿔 드립니다.


이 도서의 국립중앙도서관 출판시도서목록(CIP)은 e-CIP홈페이지(http://www.nl.go.kr/ecip)와 국가자료
공동목록시스템(http://www.nl.go.kr/kolisnet)에서 이용하실 수 있습니다.(CIP제어번호: CIP2013003269)